Python 语言应用案例实践教程

阎继宁　陈云亮　王媛妮　宋维静　主编

科学出版社

北　京

内 容 简 介

本书共包含 Python 集成开发环境操作概述、课堂上机实验指导、课程设计三个部分。其中，课堂上机实验指导包括 Python 内置对象与结构化程序设计、函数、面向对象编程、字符串及文件操作、数据分析及可视化、Python 爬虫 6 个章节，每个章节可供学生课堂知识巩固及上机练习使用。课程设计共包含资源环境、海洋科学、经济、政治、生活 5 个典型类别 36 个数据分析案例，任意一个类别的案例数据分析都可以作为学生的课程设计题目。随书实验数据请联系出版社获取。

本书可作为 Python 程序设计课程的实验指导书或教师参考用书，也可以作为 Python 爱好者的自学参考书。

图书在版编目（CIP）数据

Python 语言应用案例实践教程/阎继宁等主编. —北京：科学出版社，2021.5

ISBN 978-7-03-068710-4

Ⅰ. ①P… Ⅱ. ①阎… Ⅲ. ①软件工具-程序设计-教材
Ⅳ. ①TP311.561

中国版本图书馆 CIP 数据核字（2021）第 080017 号

责任编辑：闫　陶 / 责任校对：高　嵘
责任印制：彭　超 / 封面设计：莫彦峰

科学出版社出版
北京东黄城根北街 16 号
邮政编码：100717
http://www.sciencep.com
武汉市首壹印务有限公司印刷
科学出版社发行　各地新华书店经销
*
2021 年 5 月第　一　版　开本：787×1092　1/16
2021 年 5 月第一次印刷　印张：12 1/4
字数：287 000

定价：48.00 元
（如有印装质量问题，我社负责调换）

前　　言

当前，大数据已经成为日常生活和科学研究中不可或缺的一部分，对学生大数据分析思维和能力的培养也成为当前教学过程中重要的一环。Python 语言以其简单易用的程序接口和丰富的算法库，已经成为大数据采集、处理、分析、挖掘的重要工具。Python 语言不仅是大数据专业学生的必修基础课，而且是资源、环境、地理、地质、数理、经管、材化、工程等非计算机专业学生需要掌握的必会数据分析工具。因此，将数据分析思维贯穿于 Python 语言教学，在 Python 语言教学过程中逐步培养各专业学生的数据分析能力，已经成为当前 Python 语言教学的重要目标之一。

2017 年 2 月以来，教育部积极推进新工科建设，进一步强调学科的实用性、交叉性和综合性。因此，将各个学科应用中的典型案例融合在 Python 语言课堂教学过程中，既可以将抽象、难懂的计算机高级语言具体化，让学生更容易接受，又可以在潜移默化中培养学生的科研兴趣，为将来的专业研究打下坚实的基础。目前，国内外已经出版了不少优秀的 Python 语言教材及实验指导书。但是，融合行业案例进行 Python 语言教学与实践的教材少之又少。本书紧紧贴合 Python 语言教学过程中 16～24 学时的课堂上机与课程设计，精心编写了 6 个章节的课内上机实验指导及上机练习题目，以及覆盖资源环境、海洋科学、经济、政治、生活 5 个典型类别，36 个数据分析案例，老师可以在实际教学过程中选择性使用。本书初稿形成于 2018 年底，最初以讲义形式在中国地质大学（武汉）各个 Python 语言教学班试用，经过约两年的不断修订与完善，最终以教材形式得以出版。

本书坚持面向没有编程基础、没有算法基础的计算机语言初学者，紧扣 Python 语言基本语法知识点，偏重基本的数据预处理、简单的数据分析及可视化，重点培养学生的基本数据分析思维与能力。本书第 1、8～13 章由阎继宁编写，第 2、3 章由王媛妮编写，第 4、7 章由陈云亮编写，第 5、6 章由宋维静编写。在本书的编写过程中，我们始终秉持教学工作者的初心，对于课堂上机部分，每一章上机指导案例及上机练习题目都经过反复推敲，以保证大部分学生都可以在 4 个学时内完成；对于课程设计的案例指导以及 36

个分析案例，仅仅涉及基本的数据处理、分析、可视化技术，既没有偏、难、怪题，又具有一定的工作量，以达到培养学生独立完成数据处理与分析报告写作的目的。

本书的课程设计部分精选的行业案例，其原始数据均来源于 Kaggle 竞赛平台或国际国内的大数据竞赛平台提供的开源数据集，经过作者精心修改使其更适合 Python 语言初学者使用，在此向数据提供方表示感谢，Python 语言专业老师可以联系出版社索取课程设计部分 36 个分析案例的参考代码。

本教材可作为本科生各专业的 Python 语言程序设计实验指导书或教师参考用书，也可作为 Python 爱好者的自学参考书，书中提供的 Python 代码均在 Python 3.7.6 环境运行通过。

由于编者水平有限，书中难免存在疏漏之处，敬请广大读者批评指正。

编　者

2020 年 11 月

目　　录

第三部分　课　程　设　计

第一部分　开发环境

第 1 章　Python 集成开发环境操作概述

1.1　IDLE 集成开发环境的安装

1.1.1　IDLE 编译器的下载

在安装 IDLE 编译器时，尽量选择 Python 3.0 以上版本（Windows XP 系统不支持 Python 3.5 及以上版本），本节以 Python 3.7.6 版本为例。

（1）在 www.python.org 网站上根据操作系统选择下载 Python 的 IDLE，如图 1.1 所示。

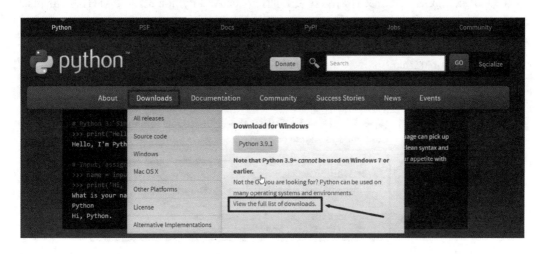

图 1.1　Python 官网界面

（2）根据电脑系统（64 位或 32 位）下载适合的 Python 版本，Windows 用户选择 executable installer 下载即可，如图 1.2 所示。

Files

Version	Operating System	Description	MD5 Sum	File Size	GPG
Gzipped source tarball	Source release		3ef90f064506dd85b4b4ab87a7a83d44	23148187	SIG
XZ compressed source tarball	Source release		c08fbee72ad5c2c95b0f4e44bf6fd72c	17246360	SIG
macOS 64-bit/32-bit installer	Mac OS X	for Mac OS X 10.6 and later	0dfc4cdd9404cf0f5274d063eca4ea71	35057307	SIG
macOS 64-bit installer	Mac OS X	for OS X 10.9 and later	57915a926caa15f03ddd638ce714dd3b	28235421	SIG
Windows help file	Windows		8b915434050b29f9124eb93e3e97605b	8158109	SIG
Windows x86-64 embeddable zip file	Windows	for AMD64/EM64T/x64	5f84f4f62a28d3003679dc693328f8fd	7503251	SIG
Windows x86-64 executable installer	Windows	for AMD64/EM64T/x64	cc31a9a497a4ec8a5190edecc5cdd303	26802312	SIG
Windows x86-64 web-based installer	Windows	for AMD64/EM64T/x64	f9c11893329743d77801a7f49612ed87	1363000	SIG
Windows x86 embeddable zip file	Windows		accb8a137871ec632f581943c39cb566	6747070	SIG
Windows x86 executable installer	Windows		9e73a1b27bb894f87fdce430ef88b3d5	25792544	SIG
Windows x86 web-based installer	Windows		c7f474381b7a8b90b6f07116d4d725f0	1324840	SIG

图 1.2　Python 3.7.6 下载地址

（3）下载完成后，双击文件启动安装界面，勾选 Add Python 3.7 to PATH，点击 Install Now，如图 1.3 所示。

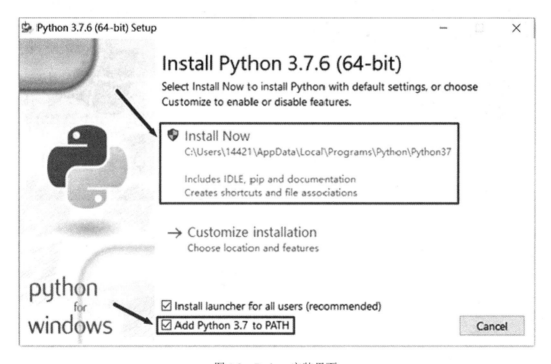

图 1.3　Python 安装界面

（4）安装完成后点击 Close 关闭窗口，如图 1.4 所示。

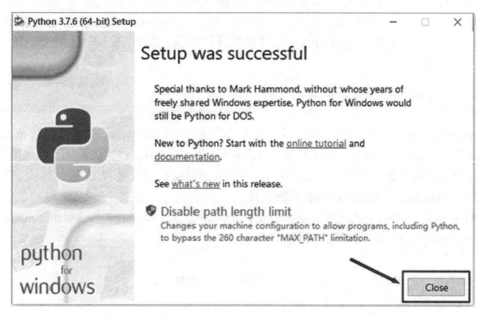

图 1.4　关闭 Python 安装界面

1.1.2　查看是否安装成功

用快捷键 Windows+R 打开运行框，输入 cmd，进入控制台命令窗口，输入 python，回车，若显示界面如图 1.5 所示，则代表安装成功。

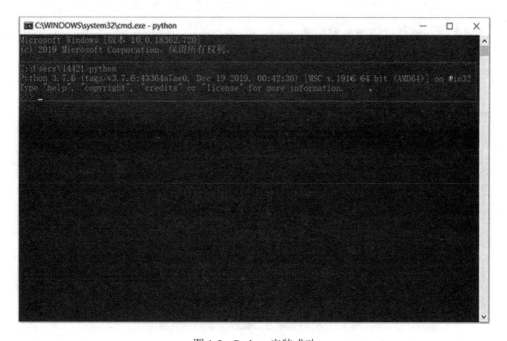

图 1.5　Python 安装成功

1.2 Anaconda 集成开发环境的安装

1.2.1 Anaconda 的下载

Anaconda 是一个开源的 Python 发行版本，它包含大量的 Python 扩展库，如 numpy、pandas 等。Anaconda 通过管理工具包、开发环境、Python 版本，大大简化了工作流程，不仅可以方便地安装、更新、卸载工具包，而且安装时能自动安装相应的依赖包，同时还能使用不同的虚拟环境隔离不同要求的项目。

Anaconda 免费版下载地址（最新版支持 Python 3.8）：为 https://www.anaconda.com/products/individual。其官网界面如图 1.6 所示。

图 1.6 Anaconda 官网界面

清华大学开源软件镜像站网址为 https://mirrors.tuna.tsinghua.edu.cn/anaconda/archive/。其界面如图 1.7 所示。

清华大学开源软件镜像站		HOME EVENTS BLOG RSS PODCAST MIRRORS

Index of /anaconda/archive/   Last Update: 2020-09-09 16:12

File Name ↓	File Size ↓	Date ↓
Parent directory/	-	-
Anaconda-1.4.0-Linux-x86.sh	220.5 MiB	2013-07-04 01:47
Anaconda-1.4.0-Linux-x86_64.sh	286.9 MiB	2013-07-04 17:26
Anaconda-1.4.0-MacOSX-x86_64.sh	156.4 MiB	2013-07-04 17:40
Anaconda-1.4.0-Windows-x86.exe	210.1 MiB	2013-07-04 17:48
Anaconda-1.4.0-Windows-x86_64.exe	241.4 MiB	2013-07-04 17:58
Anaconda-1.5.0-Linux-x86.sh	238.8 MiB	2013-07-04 18:10
Anaconda-1.5.0-Linux-x86_64.sh	306.7 MiB	2013-07-04 18:22
Anaconda-1.5.0-MacOSX-x86_64.sh	166.2 MiB	2013-07-04 18:37
Anaconda-1.5.0-Windows-x86.exe	236.0 MiB	2013-07-04 18:45
Anaconda-1.5.0-Windows-x86_64.exe	280.4 MiB	2013-07-04 18:57

图 1.7 清华大学开源软件镜像站网站界面

　　大家可根据自己的电脑系统选择 Anaconda 版本，如 Windows、macOS、Linux 版本。以 Windows 版本为例，通过清华大学开源软件镜像网站下载 Anaconda3-2019.07-Windows-x86_64.exe，如图 1.8 所示。

Anaconda3-2019.03-MacOSX-x86_64.sh	541.6 MiB	2019-04-05 05:27
Anaconda3-2019.03-Windows-x86.exe	545.7 MiB	2019-04-05 05:29
Anaconda3-2019.03-Windows-x86_64.exe	661.7 MiB	2019-04-05 05:29
Anaconda3-2019.07-Linux-ppc64le.sh	326.0 MiB	2019-07-25 22:59
Anaconda3-2019.07-Linux-x86_64.sh	516.8 MiB	2019-07-25 22:59
Anaconda3-2019.07-MacOSX-x86_64.pkg	653.1 MiB	2019-07-25 22:59
Anaconda3-2019.07-MacOSX-x86_64.sh	435.4 MiB	2019-07-25 22:59
Anaconda3-2019.07-Windows-x86.exe	418.4 MiB	2019-07-25 22:59
Anaconda3-2019.07-Windows-x86_64.exe	485.8 MiB	2019-07-25 23:02
Anaconda3-2019.10-Linux-ppc64le.sh	320.3 MiB	2019-10-16 00:20
Anaconda3-2019.10-Linux-x86_64.sh	505.7 MiB	2019-10-16 00:20
Anaconda3-2019.10-MacOSX-x86_64.pkg	653.5 MiB	2019-10-16 00:21
Anaconda3-2019.10-MacOSX-x86_64.sh	424.2 MiB	2019-10-16 00:22
Anaconda3-2019.10-Windows-x86.exe	409.6 MiB	2019-10-16 00:23
Anaconda3-2019.10-Windows-x86_64.exe	461.5 MiB	2019-10-16 00:23
Anaconda3-2020.02-Linux-ppc64le.sh	276.0 MiB	2020-03-12 00:04
Anaconda3-2020.02-Linux-x86_64.sh	521.6 MiB	2020-03-12 00:04
Anaconda3-2020.02-MacOSX-x86_64.pkg	442.2 MiB	2020-03-12 00:04

图 1.8　Anaconda3-2019.07 下载地址

1.2.2　Anaconda 的安装

　　双击 Anaconda3-2019.07-Windows-x86_64.exe 文件进行安装。安装流程如图 1.9～图 1.16 所示。

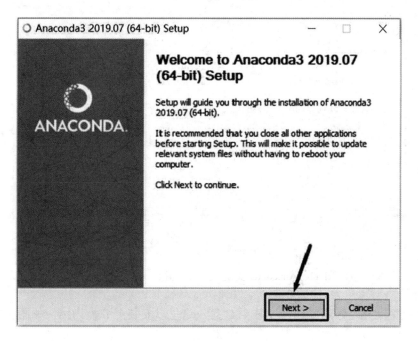

图 1.9　Anaconda 安装-步骤 1

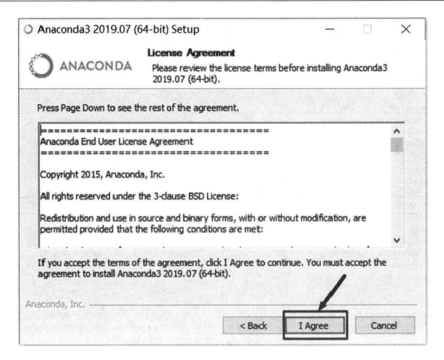

图 1.10　Anaconda 安装–步骤 2

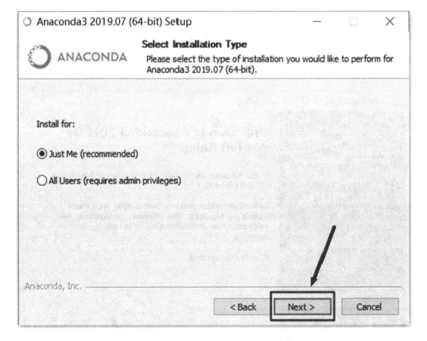

图 1.11　Anaconda 安装–步骤 3（建议选择 Just Me）

    若 C 盘空间充足，可以选择安装至 C 盘，这里以安装至 F 盘为例，如图 1.12 所示。

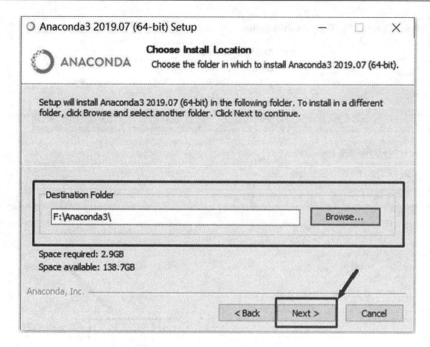

图 1.12　Anaconda 安装-步骤 4

　　第一项是将安装路径添加环境变量。第二项是否默认使用 Python 3.7 版本，如图 1.13 所示。

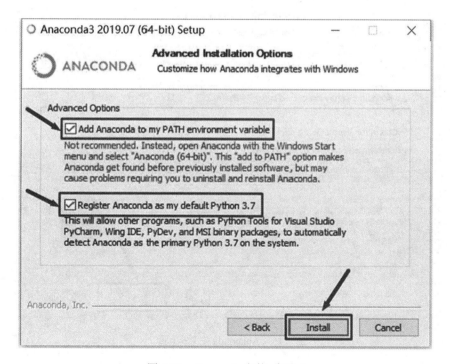

图 1.13　Anaconda 安装-步骤 5

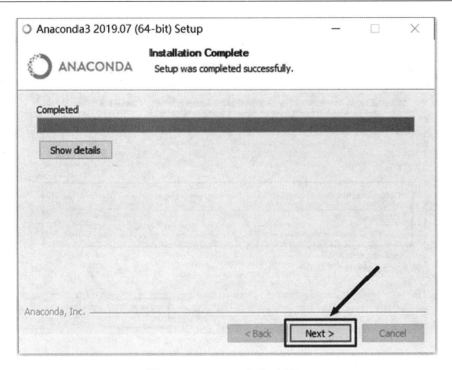

图 1.14　Anaconda 安装-步骤 6

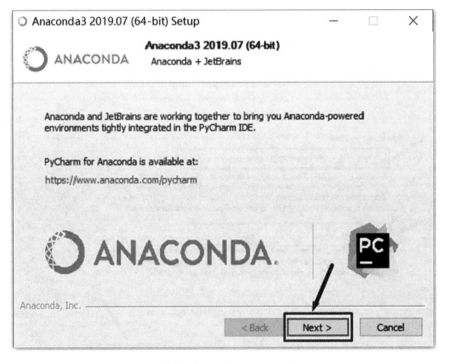

图 1.15　Anaconda 安装-步骤 7

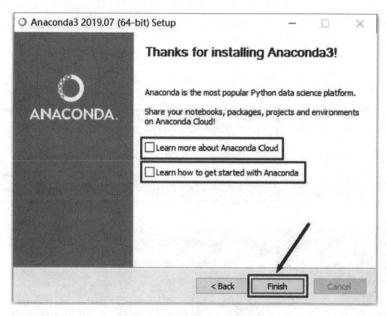

图 1.16　Anaconda 安装–步骤 8

至此安装完成。

1.2.3　查看是否安装成功

进入控制台命令窗口，输入 conda--version，若出现如图 1.17 所示界面，则表示 Anaconda 安装成功。

图 1.17　查看 Anaconda 是否安装成功

快捷键 Windows+R 打开运行框，输入 sysdm.cpl，打开系统属性，点击高级→用户变量，可以看到如下路径配置，如果没有以下路径，按照自己的 Anaconda 安装路径配置即可（图 1.18）。

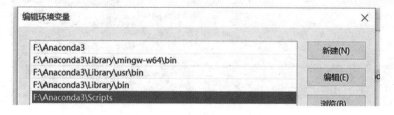

图 1.18　Anaconda 的环境变量

1.2.4　管理虚拟环境

1. 创建虚拟环境

```
conda create--name [环境名称] python=[Python 版本]
```

例如，创建名为 Hello_py3.7.6 的虚拟环境并指定 Python 版本为 3.7.6，如图 1.19 所示。

```
conda create--name Hello_py3.7.6 python=3.7.6
```

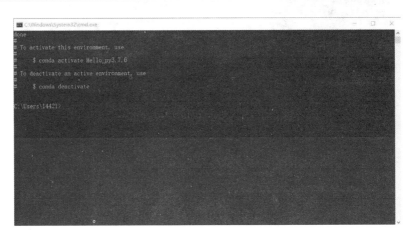

图 1.19　创建环境完成界面

2. 激活环境

activate 能进入设定的虚拟环境中，如果后面不加参数会默认进入 base 环境，如图 1.20 所示。

图 1.20　进入默认 base 环境

进入 Hello_py3.7.6 环境，如图 1.21 所示。

```
ativate  Hello_py3.7.6
```

图 1.21　进入 Hello_py3.7.6 环境

3. 查看所有环境

```
conda env list
```

共有两个环境，一个默认 base 环境和一个刚才创建的环境 Hello_py3.7.6，如图 1.22 所示。

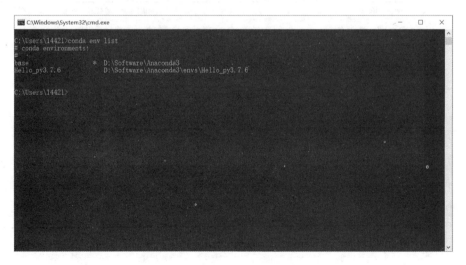

图 1.22　展示 Anaconda 所有环境

4. 卸载环境

卸载 Hello_py3.7.6 环境，如图 1.23 所示。

```
conda remove--name Hello_py3.7.6--all
```

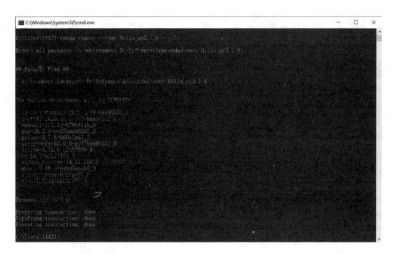

图 1.23　卸载 Hello_py3.7.6 环境

5. 扩展库管理

（1）pip 管理。

常用的 pip 命令如表 1.1 所示。

表 1.1　常用的 **pip** 命令（中括号内为选填）

pip 命令指示	说明
pip list	列出已安装模块
pip freeze[>requirements.txt]	将已安装模块和版本信息导出到 requirements.txt
pip install SomePackage[==verison]	在线安装 SomePackage 模块
pip install SomePackage.whl	通过 whl 文件离线安装 SomePackage 扩展库
pip install-r requirements.txt	安装 requirements.txt 文件中指定的扩展库
pip install--upgrade SomePackage	升级 SomePackage 模块
pip uninstall SomePackage[==verison]	卸载 SomePackage 模块

如果某个模块无法使用 pip 来完成扩展库的安装，可能是由于模块依赖于某些动态链接库文件，可以在 https://www.lfd.uci.edu/～gohlke/pythonlibs/网站中单独下载 whl 文件再进行 pip 安装。

将下载好的 whl 文件放在 Python 目录的 Scripts 文件夹下（注意不要修改文件名称），再用 pip 安装即可。

```
pip install matplotlib-3.3.2-cp37-cp37m-win_amd64.whl
```

（2）conda 管理。

使用 conda 的好处是方便对不同的 Python 环境扩展库进行管理。

常用的 conda 命令如表 1.2 所示。

表 1.2　常用的 conda 命令（中括号内为选填）

conda 命令指示	说明
conda list	列出已安装模块
conda install [--name env] SomePackage	在 env 环境下安装 SomePackage 模块
conda update--all	更新所有模块
conda update SomePackage	更新 SomePackage 模块
conda remove [--name env] SomePackage	卸载 env 环境下的 SomePackage 模块
conda env export > environment.yaml	导出指定环境下 Python 的扩展库和版本信息
conda env create-f environment.yaml	在指定环境下导入环境配置文件

1.3　PyCharm 集成开发环境概述

1.3.1　PyCharm 的介绍

PyCharm 是一种 Python IDE，带有一整套可以帮助用户在使用 Python 语言开发时提高其效率的工具，如调试、语法高亮、Project 管理、代码跳转、智能提示、自动完成、单元测试、版本控制等。此外，PyCharm 还提供了一些高级功能，可用于支持 Django 框架下的专业 Web 开发。

1.3.2　PyCharm 的下载和安装

（1）在 PyCharm 官网 http://www. jetbrains.com/pycharm/download/#section=windows 下载 PyCharm 对应 Windows 版本，如图 1.24 所示。

图 1.24　PyCharm 官网界面

PyCharm 有专业版（professional）和社区版（community）两个版本，其主要区别：一是专业版为收费版本，而社区版免费；二是专业版相比社区版增加了 Web 开发、Python

Web 框架、Python 分析器、远程开发、支持数据库、SQL 等更多高级功能，更适合企业级的应用开发。对于日常学习，下载社区版即可。

（2）下载完软件之后，双击可执行文件即可进行安装，如图 1.25 所示，点击 Next 即可。

图 1.25　PyCharm 安装-步骤 1

（3）随后会出现一个选择安装目标路径的提示，如图 1.26 所示，可以自定义安装路径，也可以选择默认安装路径，这里自定义安装路径把软件安装在 F 盘。选择完后点击 Next 即可。

图 1.26　PyCharm 安装-步骤 2

（4）配置 Pycharm 的安装，如图 1.27 所示，勾选所有选项，点击 Next。

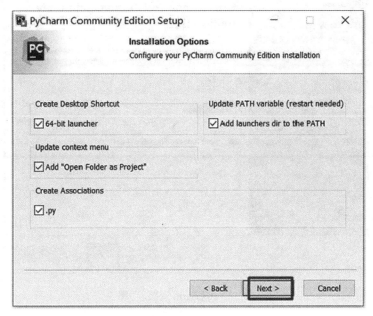

图 1.27　PyCharm 安装-步骤 3

（5）点击 Install 开始安装 PyCharm，如图 1.28 所示。

图 1.28　PyCharm 安装-步骤 4

（6）点击 Finish 完成安装，如图 1.29 所示。

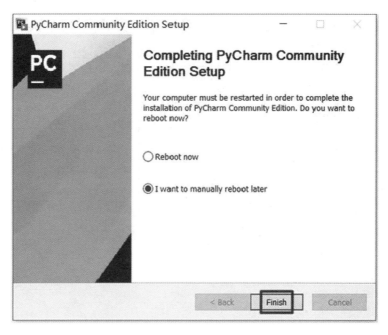

图 1.29　PyCharm 安装-步骤 5

1.3.3　PyCharm 的使用

（1）在 PyCharm 中通过项目（Project）管理 Python 源代码文件，创建一个 Python 工程文件，如图 1.30 所示。

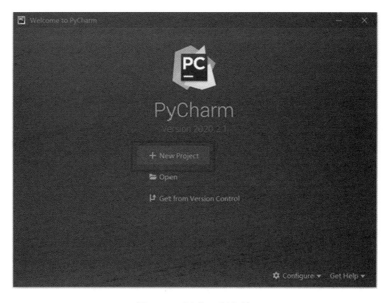

图 1.30　创建工程文件

（2）创建虚拟环境。在开发中，我们希望得到一个不带任何第三方包的干净的虚拟 Python 环境，已经安装到系统 Python 环境中的所有第三方包都不会复制过来。点击 New environment using，下拉菜单中选择 Virtualenv，创建文件即可。如果想安装系统中的第三方包，可以勾选下面 Inherit global site-packages，如图 1.31 所示。

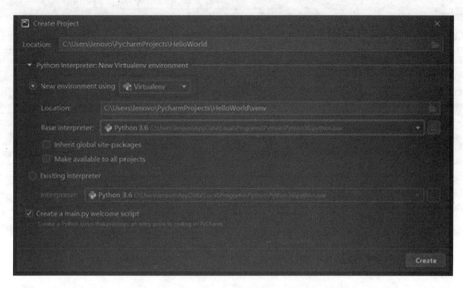

图 1.31　选择 Python 环境（虚拟环境）

（3）引入完整环境。如果想直接引入完整环境，选择 existing interpreter，如图 1.32 所示，点击右边 "…"，在 System Interpreter 中选择想要的 python.exe 文件，如图 1.33 所示，点击 OK。

图 1.32　选择 Python 环境（完整环境）

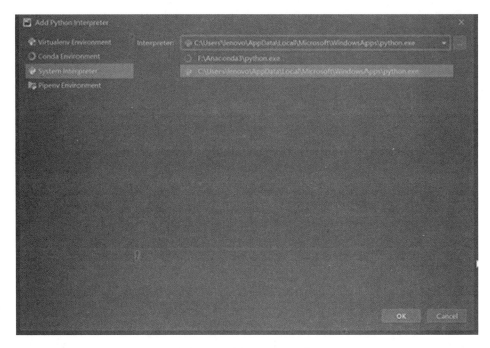

图 1.33　选择 Python 环境

    这里直接使用系统 Python 环境，在 Location 文本框中输入项目名称 HelloWorld，取消勾选下面创建 main.py 选项，点击 Create 创建环境，如图 1.34 所示，创建完成后如图 1.35 所示。

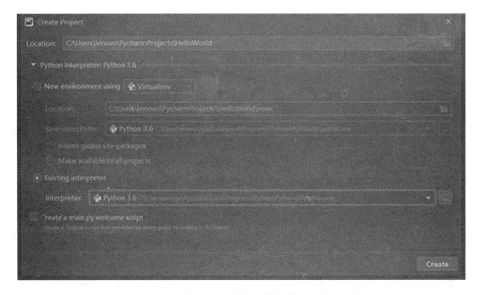

图 1.34　创建工程文件

图 1.35　Hello World 工程文件

（4）创建 Python 代码文件并运行。选择刚刚创建的项目 HelloWorld，右键选择 New→
Python file 菜单，打开新建 Python 文件对话框，在对话框中 Name 文本框输入 Hello，如
图 1.36 所示，单击 OK 按钮创建文件。

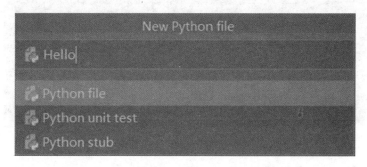

图 1.36　创建 py 文件

创建完成后可以编写代码，如图 1.37 所示。

```
string = 'Hello World!'
print(string)
```

图 1.37　编写代码

（5）编写完成后第一次运行，在右边的项目文件管理窗口中选择 Hello.py 文件，右击菜
单中选择 Run 'Hello'运行，在下面的控制台窗口输出 Hello World！字符串，如图 1.38 所示。

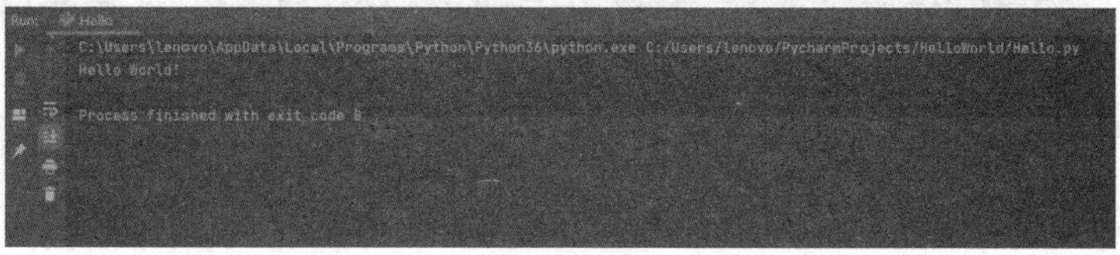

图 1.38　输出 Hello World！字符串

1.3.4　通过 PyCharm 安装扩展库

（1）点击 File→Setting→Python Interpreter，可以查看当前 Python 环境的扩展库，想要添加扩展库，首先选择 Python 环境，然后点击右侧"+"，如图 1.39 所示。

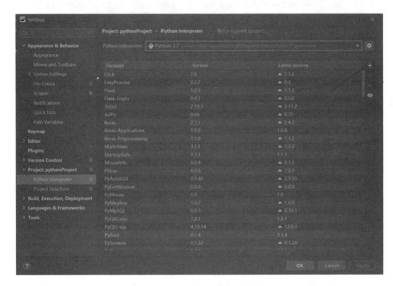

图 1.39　已安装的 Python 扩展库

（2）输入要安装的包，如 numpy，点击下面的 Install Package 即可开始下载，如图 1.40 所示。

图 1.40　安装 numpy 扩展库

第二部分　课堂上机实验指导

第2章 Python 内置对象与结构化程序设计

2.1 目 的 要 求

（1）掌握变量的命名、赋值语句的使用。
（2）掌握字符串的形式与常用的字符串函数。
（3）掌握列表、元组、字典、集合的定义与数据访问。
（4）掌握条件表达式、选择结构、循环结构的用法。
（5）了解混合运算。

2.2 上 机 指 导

（1）编写一个程序，将用户输入的两个变量相互交换，要求不使用临时变量实现。

程序分析：

通常可以借助中间变量进行数据交换，但在 Python 中变量可以通过下列方式进行赋值。

```
x,y=y,x
```

上述代码的作用就是将 x 的值赋给 y，将 y 的值赋给 x，即 x 的值与 y 的值互换。等价于

```
t=x
x=y
y=t
```

程序实现

```
#用户输入
x=input('输入 x 值:')
y=input('输入 y 值:')
#不使用临时变量
x,y=y,x
print('交换后 x 的值为:{}'.format(x))
print('交换后 y 的值为:{}'.format(y))
```

程序结果

```
输入 x 值:5
输入 y 值:8
交换后 x 的值为:8
交换后 y 的值为:5
```

（2）随机生成[0，1）的浮点数，随机生成 1～999 的整数。

程序分析

利用标准库 random 的函数实现。

程序实现：

```
import random
#随机生成[0,1)的浮点数
print(random.random())
#随机生成 1-999 的整数
print(random.randint(1,999))
```

程序结果

```
0.9400631198923155
613
```

（3）随机产生 100 以内的 10 个正整数，存入列表，统计偶数有多少个，奇数有多少个。

程序分析

随机产生 10 个数，除了随机函数的应用，需要利用循环控制 10 次，一次产生一个随机数，可以写成循环结构，也可以根据列表推导式来表示。奇偶数的判断需要遍历列表，根据除以 2 的余数结果进行判断。

程序实现

```
import random
lst=[random.randint(1,100)for i in range(0,10)]
print("随机产生 10 个数:",lst)
# num1,num2 存放奇偶数个数
num1=0
num2=0
for i in range(0,len(lst)):
    if lst[i]%2==0:
```

```
            num1+=1
        else:
            num2+=1
print("奇数有{0}个,偶数有{1}个".format(num2,num1))
```

程序结果

```
随机产生 10 个数:[28,36,21,23,29,31,19,91,9,91]
奇数有 8 个,偶数有 2 个
```

（4）测试指定列表中是否包含非法数据（不在列表元素中的数据）。

程序分析

已知一集合，假设以水果名称为元素，集合元素中出现的为合法数据，可以使用列表推导式生成一些随机数据，并利用集合的差集运算来测试生成的数据中是否只包含列表元素中的数据。

程序实现

```
import random
fruit_set=("pear","apple","banana","orange")
fruit_data=[random.choice(fruit_set)for i range(1000)]
if set(fruit_data)-set(fruit_set):
    print('There is illegal data!')
else:
    print('There is no illegal data!')
```

程序结果

```
There is no illegal data!
```

（5）首先生成包含 100 个随机字符的字符串，然后统计每个字符的出现次数。

程序分析

数据输入：随机生成 100 个字符串。

数据处理：统计每个字符出现次数。

数据输出：每个字符 i 及出现次数。

如何生成一个随机字符串？100 个即 100 次生成。random.randint（范围）产生指定范围整数序列，random.choice（seq）返回 seq 中随机元素，将所有字符类型放到 seq 中即可。string 库得到所有的字符类型。

如何统计每个字符出现的次数？对每个字符出现一次，需要次数加 1。

统计后数据存放形式？结果形式为某个字符，统计次数；某个字符类似于键，因此统计后的结果以字典形式存放。字典的键即每个字符，字典的值即对应的统计次数。

程序实现

```
import string
import random
x=string.ascii_letters+string.digits+string.punctuation
y=[random.choice(x)for i in range(100)]
z=''.join(y)
d=dict()                    #使用字典保存每个字符出现次数
for ch in z:
    d[ch]=d.get(ch,0)+1
for i, j in sorted(d.items()):
    print(I,'出现次数:',j)
```

程序结果

```
! 出现次数:1
" 出现次数:2
# 出现次数:2
$ 出现次数:1
% 出现次数:2
' 出现次数:1
) 出现次数:1
* 出现次数:2
, 出现次数:1
/ 出现次数:1
0 出现次数:2
```

2.3 上 机 练 习

（1）用户输入 a、b 两个列表，计算两个列表对应元素的乘积的累加和。若列表长度不一致，则以较短的列表为主，忽略较长列表的其他元素。例如，列表 a=[1, 2, 3]，列表 b=[4, 5, 6, 7]，则对应元素乘积的累加和为 $1 \times 4 + 2 \times 5 + 3 \times 6 = 32$。

（2）随机生成 20 个在 1（含）到 999（含）之间的随机数，每个随机数后跟随一个逗号进行分隔，按照升序输出到屏幕上。

（3）要求用户输入若干常见的手机品牌，以字符串形式存入一个列表，并随机选择一个手机品牌输出到屏幕上。例如，["华为", "苹果", "诺基亚", "OPPO", "小米"]，随机输出为"小米"。

（4）用户输入某毕业班各个同学就业的行业名称，行业名称之间用空格间隔（回车结束输入）。要求统计各行业就业的学生数量，按数量从高到低方式输出。例如，输入：交通 金融 计算机 交通 计算机 计算机，输出格式为（其中冒号为英文冒号）

计算机：3

交通：2

金融：1

（5）中国南北朝时期（今 420～589 年）的数学著作《孙子算经》卷下第二十六题为"物不知数"问题，原文如下："今有物不知其数，三三数之剩二，五五数之剩三，七七数之剩二。问物几何"。即：一个整数除以三余二，除以五余三，除以七余二，求最小的符合条件的整数是多少。

（6）猴子第 1 天摘下若干个桃子，当即吃了一半，还不过瘾，又多吃了一个。第 2 天早上又将剩下的桃子吃掉一半，又多吃了一个。以后每天早上都吃了前一天剩下的一半零一个。到第 10 天早上想再吃时，见只剩下一个桃子了。求第 1 天共摘了多少个桃子？

第3章 函　　数

3.1　目 的 要 求

（1）掌握函数的基本概念。
（2）掌握函数的使用。
（3）掌握 lambda()函数。
（4）掌握递归函数。
（5）掌握变量作用域。

3.2　上 机 指 导

（1）编写一个程序，计算两个数的最小公倍数。

程序分析

①定义子函数，完成计算两个数的最小公倍数的功能。子函数参数可通过位置参数接受从键盘输入的两个数。

②从键盘输入两个数，根据输入的数完成对应两个数的最小公倍数的求解。

程序实现

```python
# 定义函数
def lcm(x,y):
   #  获取最大的数
   if x > y:
      greater=x
   else:
      greater=y
   while(True):
      if((greater%x==0)and(greater%y==0)):
         lcm=greater
         break
      greater+=1
   return lcm
```

```
# 获取用户输入
num1=int(input("输入第一个数字:"))
num2=int(input("输入第二个数字:"))

print(num1,"和",num2,"的最小公倍数为",lcm(num1,num2))
```

程序结果

```
输入第一个数字:6
输入第二个数字:18
6和18的最小公倍数为 18
```

（2）有 5 个人坐在一起，问第 5 个人多少岁，他说比第 4 个人大 2 岁。问第 4 个人岁数，他说比第 3 个人大 2 岁。问第三个人，又说比第 2 人大 2 岁。问第 2 个人，说比第 1 个人大 2 岁。最后问第 1 个人，他说是 10 岁。请问第 5 个人多大？

程序分析

题目非常符合递归函数的过程，所以本题采用递归函数完成。

函数把问到的第几个人作为参数 i，当 i 的值为 1 时，函数返回 10，其他情况均在第 i−1 人年龄的基础上加 2。

程序实现

```
def fun(i):
    if i==1:
        return 10
    return fun(i-1)+2
print(fun(5))
```

程序结果

```
18
```

（3）基于递归算法的汉诺塔问题。古代有一个汉诺塔，塔内有 A、B、C 三个基座，A 座上有 64 个盘子，盘子大小不等，大的在下，小的在上。有人想把这 64 个盘子从 A 座移到 C 座，每次只允许移动一个盘子，并且在移动的过程中，3 个基座上的盘子始终保持大盘在下，小盘在上。在移动过程中盘子可以放在任何一个基座上，不允许放在别处。编写程序，用户输入盘子的个数，显示移动的过程。

程序分析

通过递归调用减小问题规模。这个问题大体分为以下三步。

①把 A 柱上除最下面一个盘子外的 num−1 个盘子借助 C 柱移动到 B 柱。

②把 A 柱上最下面的盘子移动到 C 柱。

③把 B 柱上的 num−1 个盘子借助 A 柱移动到 C 柱。

程序实现

```python
def hannoi(num,src,dst,temp=None):
    #声明用来记录移动次数的变量为全局变量
    global times
    #确认参数类型和范围
    assert type(num)==int, 'num must be integer'
    assert num > 0,'num must > 0'
    #只剩最后或只有一个盘子需要移动,这也是函数递归调用的结束条件
    if num==1:
        print('The {0} Times move:{1}==>{2}'.format(times,src,\
        dst))
        times+=1
    else:
        #递归调用函数自身,
        #先把除最后一个盘子之外的所有盘子移动到临时柱子上
        hannoi(num-1,src,temp,dst)
        #把最后一个盘子直接移动到目标柱子上
        hannoi(1,src,dst)
        #把除最后一个盘子之外的其他盘子从临时柱子上移动到目标柱子上
        hannoi(num-1,temp,dst,src)
#用来记录移动次数的变量
times=1
#A 表示最初放置盘子的柱子,C 是目标柱子,B 是临时柱子
hannoi(3,'A','C','B')
```

程序结果

```
The 1 Times move:A==>C
The 2 Times move:A==>B
The 3 Times move:C==>B
The 4 Times move:A==>C
The 5 Times move:B==>A
The 6 Times move:B==>C
The 7 Times move:A==>C
```

(4)求 s = a + aa + aaa + aaaa + aa...a 的和,其中 a 是一个数字。例如,3 + 33 + 333 + 3333

（此时 a 为 3，共有 4 个数相加），a 以及多少个数相加通过键盘输入来控制。

程序分析

根据用户输入的个数（长度）决定循环的次数。

区分每次循环输出的内容，只要是最后一次循环，就直接输出最终的结果，其余皆为本次结果跟上加号。

先从个位的数字开始计算，每执行一次循环就把上次的结果数乘 10，使得每次的结果为 30、330、3330，然后再加上个位的基本数字就行。

程序实现

```
def test():
    basis=int(input("输入一个基本的数字:"))
    n=int(input("输入数字的长度:"))
    b=basis
    sum=0
    for i in range(0,n):
        if i==n-1:
            print("%d "%(basis))
        else:
            print("%d+"%(basis))
        sum+=basis
        basis=basis * 10+b #下一次需要加上的数
    print('=%d'%(sum))
test()
```

程序结果：

```
输入一个基本的数字:3
输入数字的长度:4
3+
33+
333+
3333
=3702
```

（5）分别使用普通函数和 lambda 函数实现 1～10 的平方。

程序分析

普通函数实现方法：定义一个子函数实现一个数的平方，使用 x**2 即可。

lambda 函数方法：按照 lambda 表达式的构造形式，冒号分隔，通常冒号前是参数，冒号后是输出值，这里采用 lambda 表示即为 lambda x：x**2。

程序实现

```
普通函数实现：
def fun(x):
    return x**2
for i in range(1,11):
    print(("{0}的平方为:{1}").format(i,fun(i)))

lambda 函数实现：
a=lambda x:x**2
for i in range(1,11):
    print(("{0}的平方为:{1}").format(I,a(i)))
```

程序结果

```
1 的平方为:1
2 的平方为:4
3 的平方为:9
4 的平方为:16
5 的平方为:25
6 的平方为:36
7 的平方为:49
8 的平方为:64
9 的平方为:81
10 的平方为:100
```

（6）分析下面两个程序，体会全局变量和局部变量的用法。

程序 1

```
def foo(x):
    print('x=',x)
    x=200
    print('Changed in foo(),x=',x)
x=100
foo(x)
print('x=',x)
```

程序结果

```
x=100
Changed in foo(),x=200
x=100
```

程序分析

　　程序定义了一个子函数 foo()，程序从 x=100 开始执行，这里 x 是一个全局变量，接着执行 foo()，转向子函数部分，子函数位置参数传递，x 为 100 传给子函数形式参数 x 为 100，此时子函数有局部变量 x，第一句输出 x，输出的是 foo()形式参数 x 的值，100；接着执行 x=200，改变的是局部变量 x，接着的输出语句 x 为改变后的局部变量 x 的值 200，子函数 foo()执行结束后返回到调用之处，程序执行主程序最后一句输出 x，此时输出的是全局变量 x 的值，局部变量 x 随着 foo()的调用结束而结束作用范围，所以最后输出的全局变量 x 的值为 100。

程序 2

```
X=100
def foo():
  global X
  print('foo()x=',X)
  X=X+5
  print('Changed in foo(),x=',X)
def fun():
  global X
  print('fun()x=',X)
  X=X+1
print('Changed in fun(),x=',X)
  if __name__=='__main__':
  foo()
  fun()
  print('Result x=',X)
```

程序结果

```
foo()x=100
Changed in foo(),x=105
fun()x=105
Changed in fun(),x=106
Result x=106
```

程序分析

　　程序一开始定义了全局变量 X，X 的初值为 100，接着调用 foo()函数，在 foo()函数部分，与上例的差异在于没有形式参数，函数内部使用 global X 来声明使用全局变量，所以第一句输出，输出的是全局变量 X 的值，100；接着执行 X=X+5，此时是对全局变量的修改，后面输出 X 为 105。调用完 foo()后程序返回执行 fun()函数，该函数与 foo()函数类似，使用 global X 声明使用全局变量 X，因此这个函数内部使用的仍然是全局变量 X，X=X+1 直接在 105 的基础上加 1，输出 106，调用完 fun()后执行 print('Result x=', X)，此时的全局变量 X 已经经过 fun()函数的修改成为 106，所以这里输出仍然是 106。

3.3　上机练习

　　（1）用户任意输入某年某月某日，判断这一天是这一年的第几天。

　　（2）某企业发放的奖金根据利润提成。当利润

　　①低于或等于 10 万元时，奖金可提 10%；

　　②利润高于 10 万元、低于 20 万元时，低于 10 万元的部分按 10%提成，高于 10 万元的部分，可提成 7.5%；

　　③在 20 万到 40 万之间时，高于 20 万元的部分，可提成 5%；

　　④在 40 万到 60 万之间时，高于 40 万元的部分，可提成 3%；

　　⑤在 60 万到 100 万之间时，高于 60 万元的部分，可提成 1.5%；

　　⑥高于 100 万元时，超过 100 万元的部分按 1%提成。

要求用户从键盘输入当月利润，求应发放奖金总数。

　　（3）编写函数判断 51 到 150 之间有多少个素数，并输出所有素数。

　　（4）用户任意输入一个 1000 以内的正整数，编写函数实现因素分解并输出到屏幕上。例如，用户输入 90，则输出 90 = 2×3×3×5。

　　（5）键盘输入字符 s，按要求把 s 输出到屏幕上。格式要求：宽度为 20 个字符，等号字符＝填充，居中对齐。若输入字符串超过 20 位，则全部输出。例如，键盘输入字符串 s 为"PYTHON"，屏幕输出=======PYTHON=======。

　　（6）用户输入一组学生的姓名、性别、年龄等信息，采用空格分隔，每人一行，空行回车结束录入。示例格式如下。

　　张三　男 23

　　李四　女 21

　　王五　男 18

计算并输出所有学生的平均年龄（保留 2 位小数）和其中男性的人数，输出格式为

　　平均年龄是 20.67，男性人数是 2

　　（7）有一对兔子，从出生后第 3 个月起每个月都生一对兔子，小兔子长到 3 个月后每个月又生一对兔子。假如兔子都不死，问 12 个月后的兔子总数是多少？

第4章 面向对象编程

4.1 目 的 要 求

（1）掌握面向对象编程的基本概念。
（2）了解如何定义类及其成员、方法。
（3）了解如何实例化对象。

4.2 上 机 指 导

（1）设计一个立方体类 box，定义三个属性，分别是长、宽、高，并且定义两种方法，分别计算并输出立方体的体积和表面积。

程序分析

通常将属于某类的所有属性或计算方法封装于该类中，在 Python 中可以使用 self 来作为对象或实例所有属性的集合。

将立方体的长、宽、高属性封装到 box 类中。

```python
    def __init__(self,length,width,high):
```

将立方体体积和表面积的计算方法封装。

```python
    def volume(self):
      print(self.length * self.width * self.high):

def superficial(self):
    print(2 *(self.length * self.width+self.length * self.high+\
    self. width * self.high))
```

程序实现

```python
    # 定义 box 类
    class box():
    # 定义长、宽、高属性
      def __init__(self,length,width,high):
        self.length=length
```

```
        self.width=width
        self.high=high

    def volume(self):
        print(self.length * self.width * self.high)

    def superficial(self):
        print(2 * (self.length * self.width+self.length * self.high+\
        self.width * self.high))

    # 用户输可改变 box() 中的数值
    b1=box(1,1,1)
    # 调用体积和表面积函数
    b1.volume()
    b1.superficial()
```

程序结果

```
1
6
```

（2）定义一"图形"类，被"圆形"类和"三角形"类继承，圆心和三角形顶点为"点"类，构造一圆形和三角形，判断某点与图形的位置关系（图形内、图形外、图形边界），要求使用多态实现。

程序分析

"圆形"类和"三角形"类重写"图形"类的判断位置关系方法实现多态。

类名：Point
属性：x（横坐标），y（纵坐标）
方法：distance（判断与另一点距离）

类名：Graph
方法：judge（判断位置关系）

类名：Circle
属性：center_point（圆心），radius（半径）
方法：judge

类名：Triangle

属性：a，b，c（三个顶点）

方法：judge

程序实现

```python
class Point:
    def __init__(self,a=0,b=0):
        self.x=a
        self.y=b

    def distance(self,point):
        return((self.x-point.x)** 2+(self.y-point.y) ** 2) ** 0.5


class Graph(object):
    def judge(self,point):
        pass


class Circle(Graph):
    def __init__(self):
        self.center_point=Point(int(input('请输入圆心横坐标:')),
                    int(input('请输入圆心纵坐标:')))
        self.radius=int(input('请输入圆的半径:'))

    def judge(self,point):
        d=self.center_point.distance(point)
        if d > self.radius:
            print('点在圆外')
        elif d==self.radius:
            print('点在圆上')
        else:
            print('点在圆内')


def IsTriangleOrArea(x1,y1,x2,y2,x3,y3):
    return abs((x1 *(y2-y3)+x2 *  (y3-y1)+x3 *  (y1-y2))/2.0)
```

```
class Triangle(Graph):
    def __init__(self):
        self.a=Point(int(input('请输入三角形顶点 A 横坐标:')),\
                int(input('请输入三角形顶点 A 纵坐标:')))
        self.b=Point(int(input('请输入三角形顶点 B 横坐标:')),\
                int(input('请输入三角形顶点 B 纵坐标:')))
        self.c=Point(int(input('请输入三角形顶点 C 横坐标:')),\
                int(input('请输入三角形顶点 C 纵坐标:')))

    def judge(self,point):
        # 三角形 ABC 的面积
        ABC=IsTriangleOrArea(self.a.x,self.a.y,self.b.x,self.\
                b.y, self.c.x,self.c.y)
        if ABC==0:
            print('这三个点不构成三角形')
        # 三角形 PBC 的面积
        PBC=IsTriangleOrArea(point.x,point.y,self.b.x,self.b.y,\
                self.c.x,self.c.y)

        # 三角形 APC 的面积
        PAC=IsTriangleOrArea(self.a.x,self.a.y,point.x,point.y,\
                self.c.x,self.c.y)

        # 三角形 ABP 的面积
        PAB=IsTriangleOrArea(self.a.x,self.a.y,self.b.x,self.b.y,\
                point.x,point.y)

        if ABC==PBC+PAC+PAB and PBC and PAC and PAB:
            print('点在三角形内')
        elif ABC < PBC+PAC+PAB:
            print('点在三角形外')
        else:
            print('点在三角形边界')


def judge(graph,point):
    graph.judge(point)
```

```
if __name__=="__main__":
    circle=Circle()
    triangle=Triangle()
    p=Point(int(input('请输入 p 点横坐标:')),int(input('请输入\
        p 点纵坐标:')))
    judge(circle,p)
    judge(triangle,p)
```

程序结果

```
请输入圆心横坐标:0
请输入圆心纵坐标:0
请输入圆的半径:1
请输入三角形顶点 A 横坐标:1
请输入三角形顶点 A 纵坐标:0
请输入三角形顶点 B 横坐标:2
请输入三角形顶点 B 纵坐标:0
请输入三角形顶点 C 横坐标:2
请输入三角形顶点 C 纵坐标:1
请输入 p 点横坐标:1
请输入 p 点纵坐标:0
点在圆上
点在三角形边界
```

（3）定义 People 类，添加类属性 tax。添加初始化方法，初始化时，为对象添加如下属性。

name　姓名　string

age　年龄　int

work　工作　string

salary　工资　int

energy　精力　int（私有属性：默认值 100，最大值 100，最小值 0）

添加如下方法。

eat()：energy 属性＋10；salary 减少 money 对应值

say()：打印自我介绍

working()：为类属性 tax 增加 salary*0.2 值；energy 属性减少 30

sleep()：energy 属性+60

get energy()：获取对象的 energy 属性值

定义 Men 类，继承 People 类，重写父类 say 方法，输出自我介绍后输出"Hello World"；定义 Women 类，继承 People 类，添加 shopping 方法：接受 money 参数，salary

属性减少 money 对应的值。

程序实现

```python
class People():
    tax=0
    def __init__(self,name,age,work,salary):
        self.name=name
        self.age=age
        self.work=work
        self.salary=salary
        self.__energy=100
    def working(self,salary):
        People.tax=salary * 0.2+salary
        self.__energy=self.__energy-30 if self.__energy>30 else 0
    def eat(self,money):
        self.__energy=self.__energy+10 if self.__energy<90 else\
                100
        self.salary=self.salary-money
    def sleep(self):
        self__energy=self.__energy+60 if self.__energy<40 else\
                100
    def say(self):
        print(self.name,self.age,self.work,self.salary)
    def get_energy(self):
        return self.__energy

class Men(People):
    def say(self):
        super().say()
        print("Hello World")

class Women(People):
    def shopping(self,money):
        self.salary-=money

m=Men("张三",28,"程序员",18000)
m.say()
```

```
w=Women("李四",22,"医生",10000)
w.shopping(8000)
w.say()
```

程序结果

```
张三 28 程序员 18000
Hello World
李四 22 医生 2000
```

（4）设计一个 Game 类，添加如下属性。

top_score 记录游戏的历史最高分

player_name 记录当前游戏玩家姓名

添加如下方法。

show_help 显示游戏帮助信息

show_top_score 显示历史最高分

show_game 开始当前玩家的游戏

程序代码

```
import random
class Game(object):
    top_score=0
    def __init__(self,player_name):
        self.player_name=player_name

    @staticmethod
    def show_help():
        print("帮助:\n 输入 show_help 显示游戏帮助信息\nshow_top_\
        score 显示历史最高分\nshow_game 开始当前玩家的游戏\n ")

    @classmethod
    def show_game(cls):
        print("游戏开始")
        Game.score=random.randint(1,100)
        print("你的分数为:%d"%Game.score)
        if Game.score >=cls.top_score:
            cls.top_score=Game.score
        else:
            cls.top_score=Game.score
```

```
        @classmethod
        def show_top_score(cls):
            print("历史最高分为:%d"%Game.top_score)

xiaoming=Game("小明")
Game.show_help()
Game.show_game()
Game.show_game()
Game.show_top_score()
```

程序结果

```
帮助:
输入 show_help 显示游戏帮助信息
show_top_score 显示历史最高分
show_game 开始当前玩家的游戏

游戏开始
你的分数为:19
游戏开始
你的分数为:89
历史最高分为:89
```

（5）模拟栈操作原理，栈操作包括进栈、出栈、返回栈顶元素、判断是否为空栈、栈的长度。

程序代码

```
# 栈操作
class Stack():
    # 初始化
    def __init__(self):
        # 定义了一个空栈,stack:类的属性
        self.stack=[]
    # 进栈
    def push(self,value):
        self.stack.append(value)
        return True
    # 出栈
    def pop(self):
```

```python
            # 先判断栈是否为空
            if len(self.stack)==0:
                return False
            else:
                item=self.stack.pop()
                return item
        # 返回栈顶元素
    def top(self):
            # 先判断栈是否为空
            if self.stack:
                return self.stack[-1]
            else:
                return False
        # 判断是否为空栈
    def isnone(self):
            if len(self.stack)==0:
                return True
            else:
                return False
        # 栈的长度
    def length(self):
            return len(self.stack)
    def view(self):
            return ','.join(self.stack)


# 创建对象
stack1=Stack()

# 调用方法
print(stack1.isnone())
print(stack1.length())
print(stack1.push('westos'))
print(stack1.length())
print(stack1.isnone())
print(stack1.pop())
print(stack1.isnone())
print(stack1.top())
print(stack1.push('linux'))
```

```
print(stack1.push('python'))
print(stack1.view())
```

程序结果

```
True
0
True
1
False
westos
True
False
True
True
linux,python
```

（6）编写程序，定义一个学生类，要求有一个计数器的属性，统计总共实例化了多少个学生。

程序代码

```
class Student:
    count=0

    @classmethod
    def __init__(cls):
        cls.count+=1

a1=Student()
a2=Student()
a3=Student()
a4=Student()

print(Student.count)
```

程序结果

```
4
```

（7）家具放置问题。

①房子有户型、总面积、家具名称列表，新房子没有任何的家具。

②家具有名字和占地面积，其中

床：占 $4m^2$

衣柜：占 $2m^2$

餐桌：占 $1.5m^2$

③将以上三件家具添加到房子中。

④输出房子时，要求：户型、总面积、剩余面积、家具名称列表。

问题分析

①由于要将家具放入房子中，所以需要先创建家具类。

②家具类。

属性：名字（name），占地面积（area）

对象：床（bed），衣柜（closet），餐桌（table）

③房子类。

（a）属性。

户型（house_style），总面积（zarea）

家具名称列表（namelist）（新房子没有任何的家具，即初始家具名称列表为空列表）

剩余面积（farea）（由于打印房子时，要求输出'剩余面积'，所以剩余面积为房子的隐含属性）

（b）方法：添加家具（add_item）。

```
1. 定义家具类
class furniture():
    # 初始化;name,area:类的属性(家具名称 占地面积)
    def __init__(self,name,area):
        self.name=name
        self.area=area
    # str方法:规范化(输出信息)
    def __str__(self):
        return '%s 占%.2f 平米'%(self.name,self.area)


# 1).创建家具对象
bed=furniture('bed',4)
closet=furniture('closet',2)
table=furniture('table',1.5)

print(bed)
print(closet)
print(table)
```

```
#2. 定义房子类
class house():
    # 初始化,house_style zarea:类的属性(户型,总面积)
    def __init__(self,house_style,zarea):
        self.house_style=house_style
        self.zarea=zarea
        # farea:类的属性(剩余面积)
        self.farea=zarea
        # namelist:类的属性(家具名称列表)
        self.namelist=[]
    # str方法:规范化(输出信息)
    def __str__(self):
        return '户型:%s 总面积:%.2f 剩余面积:%.2f 家具:%s'%(self.\
        house_style,self.zarea,self.farea,self.namelist)
    ### 定义添加家具方法
    # item:家具类的一个对象
    def add_item(self,item):
        # 1.判断房子剩余面积是否能够容纳要添加的家具面积
        if self.farea >=item.area:
            # 2.append方法:将家具添加到家具列表中
            self.namelist.append(item.name)
            # 3.计算剩余面积
            self.farea-=item.area
        else:
            print('%s占地面积过大,无法摆放此家具.....'%item.name)

# 2).创建房子对象
house1=house('两室一厅',50)
print(house1)
# 3).将家具添加到房子中(调用方法)
house1.add_item(bed)
print(bed)
print(house1)


house1.add_item(closet)
print(closet)
print(house1)
```

```
# 创建房子对象
house2=house('一室一厅',5)
print(house2)
house2.add_item(bed)
print(bed)
print(house2)

# 将家具添加到房子中(调用方法)
house2.add_item(table)
print(table)
print(house2)
```

程序结果

```
户型:两室一厅 总面积:50.00 剩余面积:50.00 家具: []
bed 占 4.00m²
户型:两室一厅 总面积:50.00 剩余面积:46.00 家具: ['bed']
closet 占 2.00m²
户型:两室一厅 总面积:50.00 剩余面积:44.00 家具: ['bed','closet']
户型:一室一厅 总面积:5.00 剩余面积:5.00 家具: []
bed 占 4.00m²
户型:一室一厅 总面积:5.00 剩余面积:1.00 家具: ['bed']
table 占地面积过大,无法摆放此家具.....
table 占 1.50m²
户型:一室一厅 总面积:5.00 剩余面积:1.00 家具: ['bed']
```

4.3　上机练习

定义公民类,实例成员变量有身份证号、姓名、年龄、性别。定义公民类的派生类,即学生类和教师类。学生类增加实例成员变量学号、班级、分数;教师类增加实例变量工号、系别、工资。编写主程序,定义类的对象,设置对象的实例属性,显示对象的信息。

第 5 章　字符串及文件操作

5.1　目 的 要 求

（1）掌握字符串格式化方法 format()用法。
（2）熟练运用字符串常用方法。
（3）熟练掌握字符串切片和内置函数。
（4）掌握文件对象常用操作方法。
（5）熟练运用 with 关键字。
（6）了解 python-docx、openpyxl 等扩展库的用法。

5.2　上 机 指 导

5.2.1　字符串操作

（1）键盘输入字符 s，要求将 s 以宽度为 30，星号"*"字符填充，居中对齐的格式输出到屏幕，若 s 长度超过 30，则全部输出。

程序分析

本题考查的是字符串的格式化，通常可以使用字符串的 format 函数或字符串的内置函数 center()实现字符串居中格式化。

程序实现

```
#用户输入
s=input('请输入字符串:')
#输出一个宽度为 30 字符，字符串居中显示,以"="填充的格式。^是居中,后面带宽度。冒号后面带填充的字符
print("{:*^30}".format(s))
#基于 center()函数实现
print(s.center(30,"*"))
```

程序结果

```
请输入字符串:test
```

```
**************test*************
**************test************
```

（2）若存在一个文件路径 D:\workspace\python\filename\name，需要将文件路径切换到 pythonCourse 下的 work 文件夹下，如何使用字符串操作实现上述要求。

程序分析

本题考查的是字符串的内置处理方法，文件路径是以字符串的形成存储的，路径的切换，可以通过字符串的分隔（split()/partition()）-拼接（+/join）或替换（replace()/切片）实现，需要注意字符串中转义字符的处理。此外，当需要处理大量路径或文件夹时，应尽量避免使用 replace()函数，可能误替换了前面路径中的文件夹名称。

程序实现

```
# 处理字符串中的转义字符,增加一个\
filepath='D:\\workspace\\python\\filename\\name'
# 分隔字符串,从右侧开始分隔,只分隔一次,即可把 name 分离出来
filepath_split=filepath.rsplit('\\',maxsplit=1)
# 拼接新的路径,将前面部分的路径提取出来,拼接 test 文件夹
newpath=filepath_split[0]+'\\test'
# 输出新的文件路径
print(newpath)
```

第二种程序实现方法

```
# 处理字符串中的转义字符,在字符串的前面添加 r,表示这个字符串中没有转义字符
filepath=r'D:\workspace\python\filename\name'
# 分隔字符串,从右向左使用'\\'分隔成三部分
filepath_split=filepath.rpartition('\\')
# 拼接新的路径,将分隔出的'\\'前面部分的路径,与'test'组成列表,使用\
#join 函数实现拼接
newpath='\\'.join([filepath_split[0],'test'])
# 输出新的文件路径
print(newpath)
```

第三种程序实现方法

```
# 处理字符串中的转义字符,在字符串的前面添加 r,表示这个字符串中没有转义字符
filepath=r'D:\workspace\python\filename\name'
# 基于切片的方法实现字符串拼接(这种方法不灵活,当存在多个路径需要切换\
#时不适用)
```

```
newpath=filepath[:-4]+'test'
# 输出新的文件路径
print(newpath)
```

程序结果

```
D:\workspace\python\filename\test
```

（3）随机从大写字母、小写字母、数字、标点符号中抽取 8 个字符，组成一个随机密码，并统计当前字符串中每种类型字符的个数。

程序分析

本题考查的是字符串常量和函数 join()的使用，字符串 string 库中包含多个字符串常量，可以使用字符串常量组成一个包含大写字母、小写字母、数字、标点符号的字符串常量，基于 random 库中的随机提取函数 choice()/sample()，提取 8 个字符，构成新的序列，并遍历每个字符，统计字符所属类别个数。

程序实现

```
import string
from random import choice
strcons=string.ascii_letters+string.digits+string.punctuation
newstr="".join(choice(strcons)for x in range(8))\
#随机选取 n 的字符''
strnum=[0] * 4
for i in newstr:
    if i in string.ascii_uppercase:
        strnum[0]+=1
    elif i in string.ascii_lowercase:
        strnum[1]+=1
    elif i in string.digits:
        strnum[2]+=1
    else:
        strnum[3]+=1
print('大写字母:{}个,小写字母:{},数字:{},标点符号:{}'.format\
(strnum[0],strnum[1],strnum[2],strnum[3]))
```

程序结果

```
大写字母:0个,小写字母:2,数字:0,标点符号:6
```

（4）请逆序输出九九乘法表，要求每一列乘法公式严格左对齐。

程序分析

本题考查的是字符串的格式化，九九乘法表涉及的是两个整数变量的乘积，可以将其存储为字符串输出，题目中要求每一列公式严格左对齐，需要考虑每个公式的宽度，当两个数的成绩为个位数时公式宽度变窄，因此，通过固定每个公式的宽度为 12，即可实现严格左对齐。需要注意的是，当两个整数相等时，需要增加换行符。

程序实现

```
# 生成每个乘积公式的字符表示
mulls=["{:<12}".format(str(i)+" * "+str(j)+"="+str(i*j))+('\n'\
if i==j else "")for i in range(9,0,-1)for j in range(1,i+1)]
# 遍历每一个要素
for i in mulls:
    print(I,end='')
```

程序结果

```
9 * 1=9     9 * 2=18    9 * 3=27    9 * 4=36    9 * 5=45    9 * 6=54\
9 * 7=63    9 * 8=72    9 * 9=81
8 * 1=8     8 * 2=16    8 * 3=24    8 * 4=32    8 * 5=40    8 * 6=48\
8 * 7=56    8 * 8=64
7 * 1=7     7 * 2=14    7 * 3=21    7 * 4=28    7 * 5=35    7 * 6=42\
7 * 7=49
6 * 1=6     6 * 2=12    6 * 3=18    6 * 4=24    6 * 5=30    6 * 6=36
5 * 1=5     5 * 2=10    5 * 3=15    5 * 4=20    5 * 5=25
4 * 1=4     4 * 2=8     4 * 3=12    4 * 4=16
3 * 1=3     3 * 2=6     3 * 3=9
2 * 1=2     2 * 2=4
1 * 1=1
```

（5）统计明代朱权《书怀》这首叠字诗中的连续叠字。

> 纷纷雨竹翠森森，点点风花落绿阴。
> 贫恨苦吟穷寞寞，乱愁牵断梦沉沉。
> 昏昏岭隔重重信，渺渺江如寸寸心。
> 因有事情闲默默，我于疏拙老骎骎。

程序分析

本题考查字符串中包含换行符时的赋值方式和字符遍历操作，叠字的判断依据是前字与紧邻的字是否相同，即比较 i 和 i+1 两个索引位置的值，若相同则是叠字，最后统一输出，可以考虑使用字符串内置 join()函数将所有叠字放到一起输出。

程序实现

```
# 定义包含古诗句的字符串变量
poem="""
纷纷雨竹翠森森,点点风花落绿阴。
贫恨苦吟穷寞寞,乱愁牵断梦沉沉。
昏昏岭隔重重信,渺渺江如寸寸心。
因有事情闲默默,我于疏拙老骎骎。"""
print("诗中的叠字有:")
# 基于前后字符是否相同确定是否为叠字并输出
print(" ".join(poem[i]  for  i  in  range(len(poem)-1)if
poem[i]==poem[i+1]))
```

程序结果

```
诗中的叠字有:
纷 森 点 寞 沉 昏 重 渺 寸 默 骎
```

5.2.2　文本文件

已知 txt 文件夹下有文件 score.txt，文件中保存有 100 名学生的语文、数学、英语成绩。示例如下。

高举　　　81　99　91

边里　　　56　94　87

何佳成　　70　75　78

从左到右各个字段的含义分别为：学生姓名、语文成绩、数学成绩、英语成绩，各字段之间用制表符分隔。

（1）要求读取 score.txt，计算每个学生成绩的总分及均值，并添加到每个学生的成绩后面，每个字段用制表符分割，使得保存后的数据从左到右各个字段的含义分别为：学生姓名、语文成绩、数学成绩、英语成绩、总分、平均分，并保存为 score2.txt，行尾无空格，无空行。

程序分析

使用 Python 读入文本文件后逐行计算并添加进新文件中。

程序实现

```
#打开一个文件，可写模式
ff=open('score2.txt','w')
with open('score.txt',encoding='utf-8')as fp:
```

```
    for line in fp:
        #将每行数据存入列表中,删除姓名后将成绩数据转化为 int 类型进行计算
        score=line.strip().split('\t')
        del(score[0])
        score=[int(i)for i in score]
        score.append(sum(score))
        #计算平均值,保留两位小数
        score.append(round(float(score[3]/3),2))
        #将每行最后的换行符删除,再将计算得到的总分与平均分拼接到原数据后
        line_new=line.replace('\n','')
        line_new=line_new+'\t'+str(score[3])+'\t'+str(score[4])+\
        '\n'
        ff.write(line_new)
ff.close()
```

程序结果

```
刘得意   60  98  75  233  77.67
王锐     63  90  96  249  83.0
何煜中   90  73  82  245  81.67
王磊     87  86  92  265  88.33
```

（2）读取 score2.txt 对成绩按照总分进行升序排序，排序后按照原格式存入新文件 sort.txt 中。

程序分析

将文件按行全部读入进列表中，并根据总分进行排序。

程序实现

```
#读取文件存入二维列表,每一行为一个维度
with open('score2.txt',encoding='UTF-8')as fp:
    for line in fp:
        data_list.append(line.strip().split('\t'))
#将总分转化为 int 格式进行排序
for i in range(len(data_list)):
    data_list[i][4]=int(data_list[i][4])
#根据总分进行排序
list2=sorted(data_list,key=(lambda x:x[4]))
#将二维列表写入文件
```

```
ff=open('sort.txt','w+')
for i in range(len(list2)):
    for j in range(len(list2[i])):
        ff.write(str(list2[i][j]))
        ff.write('\t')
    ff.write('\n')
ff.close()
```

程序结果

```
王欢欢   57  33  66  156  52.0
徐一菡   85  45  62  192  64.0
桂佳     60  73  65  198  66.0
于莉     55  66  78  199  66.33
吴玮     69  76  68  213  71.0
```

（3）读取 score.txt 选出数学（第 3 列）成绩高于 90 分的同学，并将数据存入新的文件 math.txt 中，要求格式与原文件相同。

程序分析

逐行遍历文件，当数学成绩高于 90 分时，将数据写入新文件。

程序实现

```
ff=open('math.txt','w+')
with open('score.txt',encoding='UTF-8')as fp:
    #逐行读入文件
    for line in fp:
        #分割数据
        score=line.strip().split('\t')
        if int(score[2])>90:
            for i in range(len(score)):
                ff.write(str(score[i]))
                ff.write('\t')
            ff.write('\n')
ff.close()
```

（4）读取 score2.txt 文件，根据平均分（第 6 列），统计平均分在区间[60，70），[70，80），[80，90），[90，100]的学生数量，保存到 score_mean_count.txt 文件，每条记录一行，区间信息与包含人数之间用英文半角逗号隔开，行尾无空格，无空行。参考格式如下。

[60，70），3

程序分析

本题考查 text 文件中数值的离散化，首先将文本文件中的内容读取出来，并转换成可以比较大小的 float 类型，可以通过 if 语句实现数据的离散化，然后通过变量记录每个区间上学生的数量，最后写入文件中保存。

程序实现

```
#记录人数
stu_count=[0,0,0,0]
stu_count_name=['[60,70)','[70,80)','[80,90)','[90,100]']
#遍历文件,每遍历一行,对应区间人数加1
with open('score2.txt',encoding='UTF-8')as fp:
    for line in fp:
        line=line.strip().split('\t')
        line[5]=float(line[5])
        if 60<=line[5]<70:
            stu_count[0]+=1
        if 70<=line[5]<80:
            stu_count[1]+=1
        if 80<=line[5]<90:
            stu_count[2]+=1
        if 90<=line[5]<=100:
            stu_count[3]+=1
#写入数据
ff=open('score_mean_count.txt','w+')
for i in range(len(stu_count)):
    ff.write(stu_count_name[i]+','+str(stu_count[i])+'\n')
ff.close()
```

程序结果

```
[60,70),3
[70,80),43
[80,90),42
[90,100),11
```

（5）向 score.txt 文件中第一行插入标题行，内容为 name、chinese、math、english，要求文件保持原格式不变。

程序分析

将文件内容全部读入，将读写指针移回开头，然后写入新数据 + 原数据。

程序实现

```
with open('score.txt','r+',encoding='UTF-8')as fp:
    content=fp.read()#读取全部数据并记录
    fp.seek(0,0)#将读写指针移动回开头
    fp.write('name\tchinese\tmath\tenglish\n'+content)\
    #拼接并覆盖原文件
```

程序结果

```
name    chinese math english
刘得意  60  98  75
王锐     63  90  96
```

5.2.3　Excel 文件操作

已知 excel 文件夹下有工作簿 sales_2013.xlsx、sales_2014.xlsx、sales_2015.xlsx，每个工作簿中含有三个工作表 january_20xx、february_20xx、march_20xx，分别代表对应年份 1、2、3 月的销售数据，每个工作表均有 6 条销售数据。示例如下。

customer ID	customer name	Invoice Number	Sale Amount	Purchase Date
1234	John	100-0002	$1，200.00	1/1/2013
2345	Mary	100-0003	$1，425.00	1/6/2013

数据集中的字段对应的含义如下。

customer ID：购买人 ID

customer name：购买人姓名

Invoice Number：发票号码

Sale Amount：销售金额

Purchase Date：购买日期

（1）分别在不使用 pandas 库与使用 pandas 库的情况下筛选出 sales_2013.xlsx 工作簿下 january_2013 工作表中销售金额大于 $1，400.00 的行，并存入 more_than1400.xlsx 中。

程序分析

使用 Python 提供的 xlrd、xlwt 模块读写 Excel 文件，从第 2 行开始，使用 cell_value() 函数依次读取 Sale Amount 列中单元格的内容，将大于 1400 的行号记录，随后保存到新的 Excel 中。

程序实现

```
#载入模块
import xlrd
import xlwt
#读取工作簿与工作表
data=xlrd.open_workbook('sales_2013.xlsx')
worksheet=data.sheet_by_name('january_2013')
row_list=[]
#筛选销售金额大于 1400 的行
for row_index in range(1,worksheet.nrows):
    sale_amount=worksheet.cell_value(row_index,3)
    sale=float(str(sale_amount).strip('$').replace(',',''))
    if sale>1400.0:
        row_list.append(row_index)#记录符合条件的行索引
row_list.insert(0,0)#添加标题行
#实例化一个 xlwt workbook 对象并写入数据
workbook=xlwt.Workbook()
#逐单元写入
writesheet=workbook.add_sheet('january_2013')
for i in range(len(row_list)):
    for col_index in range(worksheet.ncols):
writesheet.write(i,col_index,worksheet.cell_value(row_list[i],\
col_index))
workbook.save('more_than1400.xlsx')
```

程序结果

Customer ID	Customer name	Invoice Number	Sale Amount	Purchase Date
2345	Mary	100-0003	1425	1/6/2013
5678	Jenny	100-0006	1725	1/24/2013
6789	Samantha	100-0007	1995	1/31/2013

（2）统计 sales_2013.xlsx、sales_2014.xlsx、sales_2015.xlsx 的信息，包括每个工作簿所含有的工作表数量以及每个工作表的行数和列数。

程序分析

使用 Python 标准库 glob 中的 glob 函数获取文件夹下所有以".xlsx"结尾的文件的地址，使用 os.path.basename 函数获取文件名。Python 标准库 glob 提供查找符合特定规则的

文件路径名的功能，简单易用，避免了基于 os 库的文件遍历过程。

程序实现

```
import glob
import os
import xlrd
#获取全部 excle 的路径
inputWorkbook=glob.glob(os.path.join("F:\jupy\excel","*.xlsx"))
#统计每个工作表的信息
for Workbook in inputWorkbook:
#逐个文件进行读入
    workbook=xlrd.open_workbook(Workbook)
    print("Workbook%s"%os.path.basename(Workbook))
    print("Workbook's sheet num:{}".format(workbook.nsheets))
    for sheets in workbook.sheets():
        #获取工作表的名称,行数、列数
        print("Worksheet name:{} Rows:{}columns:{}".format
        (sheets. name,sheets.nrows,sheets.ncols))
```

程序结果

```
Workbooksales_2013.xlsx
Workbook's sheet num:3
Worksheet name:january_2013 Rows:7 columns:5
Worksheet name:february_2013 Rows:7 columns:5
Worksheet name:march_2013 Rows:7 columns:5
Workbooksales_2014.xlsx
Workbook's sheet num:3
Worksheet name:january_2014 Rows:7 columns:5
Worksheet name:february_2014 Rows:7 columns:5
Worksheet name:march_2014 Rows:7 columns:5
Workbooksales_2015.xlsx
Workbook's sheet num:3
Worksheet name:january_2015 Rows:7 columns:5
Worksheet name:february_2015 Rows:7 columns:5
Worksheet name:march_2015 Rows:7 columns:5
```

（3）根据 sales_2013.xlsx、sales_2014.xlsx、sales_2015.xlsx，计算 3 年间 1 月、2 月、3 月的销售总额以及每个月份销售额的均值。

程序分析

按顺序遍历每个工作簿的每个工作表，计算每个月的总和。

程序实现

```python
import glob
import os
import xlrd
inputWorkbook=glob.glob(os.path.join("F:\jupy\excel","*.xlsx"))
#存储对应月份的销售额
january=0
february=0
march=0
#遍历工作簿
for Workbook in inputWorkbook:
    workbook=xlrd.open_workbook(Workbook)
    #遍历工作表 记录月份销售和
    for i in range(3):
        sheet=workbook.sheets()[i]
        if i==0:
            for j in range(1,sheet.nrows):
                january=january+sheet.cell_value(j,3)
        if i==1:
            for j in range(1,sheet.nrows):
                february=february+sheet.cell_value(j,3)
        if i==2:
            for j in range(1,sheet.nrows):
                march=march+sheet.cell_value(j,3)
print('1月销售总和为:{} 均值为:{}'.format(January,january/3))
print('2月销售总和为:{} 均值为:{}'.format(february,february/3))
print('3月销售总和为:{} 均值为:{}'.format(march,march/3))
```

程序结果

```
1 月销售总和为:26976 均值为:8992.0
2 月销售总和为:28125 均值为:9375.0
3 月销售总和为:30417 均值为:10139.0
```

（4）读取 sales_2013.xlsx，在原文件的基础上，在 F1 单元格中添加每个月的销售总和。

程序分析

通过向 F1 单元格中写入公式，计算 D2 到 D7 单元格的总和。

程序实现

```
import openpyxl
workbook=openpyxl.load_workbook('sales_2013.xlsx')
#向每个工作表中逐个写入公式
for i in range(3):
    worksheet=workbook.worksheets[i]
    worksheet['F1']="=sum(D2:D7)"
workbook.save('sales_2013.xlsx')
```

（5）文件 sale_data.txt 中存有部分销售数据，文件中的第 1 行为表头，第 2 行开始为实际数据，表头和数据不同字段均用制表符分割。将 sale_data.txt 转化为 trans.xlsx。

程序分析

逐行读取 txt 文件内容，利用字符串的 strip() 和 split() 方法对数据进行处理，并写入到 xlsx 文件中。

程序实现

```
import openpyxl
workbook=openpyxl.Workbook()
worksheet=workbook.worksheets[0]
#打开 txt 文件,逐行读入数据,拆分后写入 excel
with open('sale_data.txt')as fp:
    for row in fp:
        row=row.strip().split('\t')
        worksheet.append(row)
workbook.save('trans.xlsx')
```

5.3　上　机　练　习

（1）已知"score"文件夹下 score.txt 中保存有 10 个评委对 3 个候选人的打分情况。示例如下。

Judge1，75，85，81

Judge2，84，87，76

……

从左到右各个字段的含义分别为：评委号、1 号候选人得分、2 号候选人得分、3 号候选人得分，各字段之间用逗号分隔。

要求设计 Python 程序：①读取该 txt 文件，将每个候选人的得分去掉一个最高分和一个最低分；②计算剩余得分的平均数作为该候选人最终成绩；③找出最终成绩最高的候选人的编号及最终成绩，分别输出到 socre 文件夹下 score.xlsx 文件的 score 工作簿中 A1 和 B1 单元格，如图 5.1 所示。

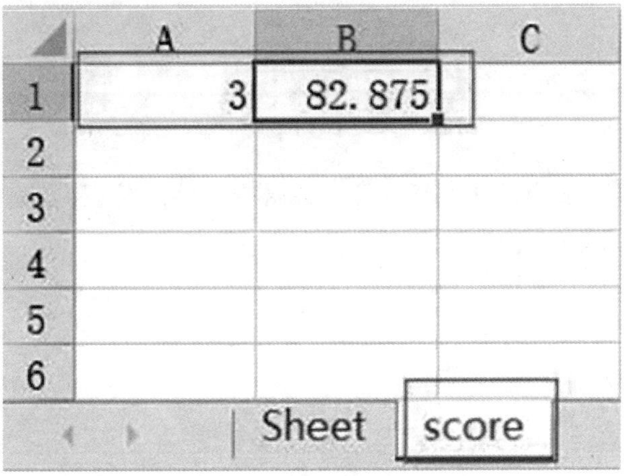

图 5.1　输出格式

（2）sensor 文件夹下存在两个 Python 源文件，分别对应两个问题。请按照文件内说明修改代码，实现以下功能。

下面所示为一套由公司职员随身佩戴的位置传感器采集的数据，文件名称为 sensor.txt，其内容示例如下。

2016/5/31 0：05，vawelon001，1，1

2016/5/31 0：20，earpa001，1，1

2016/5/31 2：26，earpa001，1，6

……

第 1 列是传感器获取数据的时间，第 2 列是传感器的编号，第 3 列是传感器所在的楼层，第 4 列是传感器所在的位置区域编号，各字段之间用逗号分隔。

问题 1

在 PY301_1.py 文件中修改代码，读入 sensor.txt 文件中的数据，提取出传感器编号为 earpa001 的所有数据，将结果输出保存到"earpa001.txt"文件。

输出文件格式要求：原数据文件中的每行记录写入新文件中，行尾无空格，无空行。参考格式如下。

2016/5/31 7：11，earpa001，2，4

2016/5/31 8：02，earpa001，3，4

2016/5/31 9：22，earpa001，3，4

……

问题 2

在 PY301_2.py 文件中修改代码，读入 earpa001.txt 文件中的数据，统计 earpa001 对应的职员在各楼层和区域出现的次数，保存到 earpa001_count.txt 文件，每条记录一行，位置信息与出现的次数之间用英文半角逗号隔开，行尾无空格，无空行。

参考格式如下。

1-1，5

1-4，3

……

其含义为：第 1 行中 1-1 表示 1 楼 1 号区域，5 表示出现 5 次；第 2 行中 1-4 表示 1 楼 4 号区域，3 表示出现 3 次。

第6章 数据分析及可视化

6.1 目 的 要 求

（1）掌握科学计算库 numpy 的基本操作。
（2）掌握数据分析库 pandas 的基本操作。
（3）掌握数据可视化库 matplotlib 的基本操作。
（4）掌握数据分析缺失值、重复值、异常值处理方法。
（5）理解数据分析的基本思路。

6.2 上 机 指 导

6.2.1 科学计算 numpy 库

（1）从 1 到 10 中随机选取 10 个数，构成一个长度为 10 的数组，并将其排序。获取其最大值、最小值，并求和、方差。

程序分析

使用 numpy 中提供的 random 模块中的 randint 函数，生成长度为 10 的数组。使用 sort() 函数对数组进行排序后条用 numpy 提供的 max()、min()、sum()、std()等函数。

程序实现

```
import numpy as np
a=np.random.randint(1,11,10)#生成数组
print('a:',a,' a.sort:',np.sort(a),' a.max:',a.max(),'a.min:',a.min(),\' a.sum:',a.sum(),' a.Variance:',np.var(a))
```

程序结果

```
a:[8 3 8 5 10 3 9 3 1 6] a.sort:[1 3 3 3 5 6 8 8 9 10]
a.max:10 a.min:1 a.sum: 56 a.Variance:8.44
```

（2）从数组 a 中提取 5 和 10 之间的所有项。
a=np.array（[7，2，10，2，7，4，9，4，9，8]）

程序分析

可以使用遍历的方法，从左向右遍历数组，把满足条件的数依次添加到另外一个空数组中，也可使用 numpy 提供的 where 函数，返回满足条件的坐标。

程序实现

```
import numpy
a=np.array([7,2,10,2,7,4,9,4,9,8])
a=a[np.where(a>5)]#获得所有>5 的数据的索引
a=a[np.where(a<10)]#获得所有<10 的数据的索引
print(a)
```

程序结果

```
[7,7,9,9,8]
```

（3）构造两个 4×3 的二维数组，并将这两个数组拼接为一个 8×3 的二维数组。

程序分析

numpy 提供三种连接用的函数 vstact（垂直组合）、hstack（水平组合）、dstack（深度组合：沿纵轴方向进行组合），选用 vstack 函数进行连接。

程序实现

```
a=np.random.randint(12,size=(4,3))
b=np.random.randint(12,size=(4,3))
print(a)
print('----------')
print(b)
print('----------')
print(np.vstack((a,b)))
```

程序结果

```
[[ 7 5 5] [ 2 3 6] [ 7 4 4] [11 3 4]]
----------
[[ 8 9 8] [ 1 4 11] [ 3 11 9] [ 8 2 11]]
----------
[[ 7 5 5] [ 2 3 6] [ 7 4 4] [11 3 4] [ 8 9 8] [ 1 4 11] [ 3 11 9]
[ 8 2 11]]
```

（4）输入两点坐标（x1，y1），（x2，y2），计算两点之间的欧式距离。

程序分析

将两点坐标存入两个数组中，根据欧式距离的计算公式，令两数组相减，通过 numpy 提供的 square()函数计算数组中各元素的平方后求和开根号。

程序实现

```
import numpy as np
# 用户输入
a1,x1,comma1,y1,b1=input('请输入第一个坐标(x,y):')
a2,x2,comma2,y2,b2=input('请输入第一个坐标(x,y):')
# 生成坐标数组
d1=np.array([int(x1),int(y1)])
d2=np.array([int(x2),int(y2)])
# 输出结果
print(np.sqrt(np.sum(np.square(d1-d2))))
```

程序结果

```
请输入第一个坐标(x,y):(1,1)
请输入第一个坐标(x,y):(2,2)
1.4142135623730951
```

（5）随机生成一个 4×5 的矩阵，对矩阵的第 1 行按照从小到大的顺序进行排序，对矩阵的其余行按照第 1 行的排序顺序进行排序。

程序分析

利用 numpy 提供的 argsort()函数，获得矩阵第 1 列从小到大的索引，然后利用索引值对矩阵的所有行进行排序。

程序实现

```
import numpy as np
arr=np.random.randint(100,size=(4,5))
print('未排序矩阵:{}'.format(arr))
arr=arr[:,arr[0].argsort()]
print('排序后矩阵:{}'.format(arr))
```

程序结果

```
未排序矩阵:[[33 59 18 83 21]
 [43  7 23 90 88]
 [48 23 53 39 72]
```

```
 [63 81 90 10 90]]
排序后矩阵:[[18 21 33 59 83]
 [23 88 43  7 90]
 [53 72 48 23 39]
 [90 90 63 81 10]]
```

6.2.2　数据分析 pandas 库

（1）已知某商场 1～12 月货物 A、B、C、D 的销售总量（万件）数据存储在 Excel 文件"销售总量.xlsx"中，请完成如下关于缺失值和重复值的分析。

①读取销售总量数据，并设置 time 为索引。

程序分析

基于 pandas 库中的 read_excel()函数将 Excel 中的数据读取出来，并设定参数 index_col 值为"time"实现索引值的设定，利用 DataFrame.head()函数显示读取数据的前 5 行内容。

程序实现

```
import pandas as pd
df=pd.read_excel('./销售总量.xlsx',index_col='time')
print(df.head())
```

程序结果

time	A	B	C	D
Jan	0.88	NaN	NaN	0.17
Feb	1.71	NaN	NaN	0.13
Mar	1.82	NaN	NaN	0.06
Apr	2.42	1.48	NaN	1.36
May	0.86	1.04	NaN	0.54

②分析当前数据，查找哪些行和列存在缺失值。

程序分析

利用 pandas 库中的 DataFrame.isnull()函数返回原数据对应的 True/False 矩阵，含有缺失值时返回 True，然后调用 DataFrame.any()函数判断某一列中是否含有缺失值，含有缺失值时为 True，从而确定某列是否存在缺失值。判断行中是否存在缺失值时，可利用 DataFrame.T 将数据进行转置，重复上述操作，确定某行是否存在缺失值。

程序实现

```
# 判断列中是否存在缺失值
```

```
print(df.isnull().any())

# 判断行中是否存在缺失值
print(df.T.isnull().any())
```

程序结果

1	df.isnull().any()
A	True
B	True
C	True
D	True
dtype:	bool

1	df.T. isnull().any()
time	
Jan	True
Feb	True
Mar	True
Apr	True
May	True
Jun	False
Jul	False
Aug	False
Sep	False
Oct	False
Nov	True
Dec	False
dtype:	bool

注：当需要查看当前数据的基本信息时，如数据有几列、列中是否存在缺失值、每列数据类型等信息，可以使用 DataFrame.info()函数查看数据上述信息，常用于大数据集处理与分析。

③将 A 列中的缺失值使用上方的邻近值填充，B 列中的缺失值使用 0 填充，C 列中的缺失值使用平均值填充，D 列中的缺失值使用下方的邻近值填充。

程序分析

基于 DataFrame.fillna()函数实现利用特定值填充缺失的数据或者使用插值法，在调用 fillna()时使用字典，可以对不同的列设定不同的特定填充值；某列数据平均值的计算方法是选定某列后直接调用 mean()函数即可得到；fillna()函数中的参数 method 设定邻近值的填充方法，method='ffill' 自上向下，使用空缺值上面的值进行填充，method='bfill'自下向上，使用空缺值下面的值进行填充（fillna()默认返回一个新的对象而不修改原对象，可以通过传入 inplace=True 参数直接修改已经存在的对象）。

程序实现

```
df.fillna({'B':0,'C':df['C'].mean()},inplace=True)
df['A'].fillna(method='ffill',inplace=True)
df['D'].fillna(method='bfill',inplace=True)
df
```

程序结果（jupyter notebook）

time	A	B	C	D
Jan	0.88	0.00	0.777143	0.17
Feb	1.71	0.00	0.777143	0.13
Mar	1.82	0.00	0.777143	0.06
Apr	2.42	1.48	0.777143	1.36
May	0.86	1.04	0.777143	0.54
Jun	0.56	1.47	0.680000	1.02
Jul	0.98	0.93	0.900000	1.08
Aug	1.07	0.07	0.950000	0.75
Sep	1.32	0.02	0.130000	0.86
Oct	0.87	0.18	0.780000	0.54
Nov	0.87	0.05	0.990000	0.79
Dec	0.34	0.19	1.010000	0.79

注：框图部分是原有缺失值已按要求填充完整。

④增加新的产品 E，并赋值其五月和九月的销售总量分别为 1.23 和 0.82（万件），并删除全部值都为空的行。

程序分析

利用 DataFrame.loc 实现新增列的赋值，通过设定 DataFrame.dropna()函数的参数 how='all'，实现只删除全部值都为空值的行（设定 dropna()函数参数 thresh=n，可实现去除非缺失值小于 n 的行）。

程序实现

```
df.loc['May','E']=1.23
df.loc['Sep','E']=0.82
df.dropna(how='all')
```

程序结果

time	A	B	C	D	E
Jan	0.88	0.00	0.777143	0.17	NaN
Feb	1.71	0.00	0.777143	0.13	NaN
Mar	1.82	0.00	0.777143	0.06	NaN
Apr	2.42	1.48	0.777143	1.36	NaN
May	0.86	1.04	0.777143	0.54	1.23
Jun	0.56	1.47	0.680000	1.02	NaN
Jul	0.98	0.93	0.900000	1.08	NaN
Aug	1.07	0.07	0.950000	0.75	NaN
Sep	1.32	0.02	0.130000	0.86	0.82
Oct	0.87	0.18	0.780000	0.54	NaN
Nov	0.87	0.05	0.990000	0.79	NaN
Dec	0.34	0.19	1.010000	0.79	NaN

⑤查看当前数据是否存在重复行，并删除重复行，保留最后一个重复行。

程序分析

调用 DataFrame.duplicated()函数，返回 bool 型的 Series，反应每一行前面是否存在与其相同的行，若存在则返回 True；通过 DataFrame.drop_duplicates()函数，将删除 duplicated() 函数中值为 True 的行，设置参数 keep='last'保留最后一个重复行。

程序实现

```
print(df.duplicated())
print(df.drop_duplicates(keep='last'))
```

程序结果

time	
Jan	False
Feb	False
Mar	False
Apr	False
May	False
Jun	False
Jul	False
Aug	False
Sep	False
Oct	False
Nov	False
Dec	False

dtype:		bool			
time	A	B	C	D	E
Jan	0.88	0.00	0.777143	0.17	NaN
Feb	1.71	0.00	0.777143	0.13	NaN
Mar	1.82	0.00	0.777143	0.06	NaN
Apr	2.42	1.48	0.777143	1.36	NaN
May	0.86	1.04	0.777143	0.54	1.23
Jun	0.56	1.47	0.680000	1.02	NaN
Jul	0.98	0.93	0.900000	1.08	NaN
Aug	1.07	0.07	0.950000	0.75	NaN
Sep	1.32	0.02	0.130000	0.86	0.82
Oct	0.87	0.18	0.780000	0.54	NaN
Nov	0.87	0.05	0.990000	0.79	NaN
Dec	0.34	0.19	1.010000	0.79	NaN

（2）已知 txt 文件夹下有文件 score.txt，文件中保存有 100 名学生的语文、数学、英语成绩。示例如下。

高举　　81　99　91
边里　　56　94　87
何佳成　70　75　78

从左到右各个字段的含义分别为：学生姓名、语文成绩、数学成绩、英语成绩，各字段之间用制表符分隔。（第 5 章题目类似，编程方式不同）

①要求读取 score.txt 文件，计算每个学生成绩的总分及均值，并添加到每个学生的成绩后面，每个字段用制表符分割，保存后的数据从左到右各个字段的含义分别为：学生姓名、语文成绩、数学成绩、英语成绩、总分、平均分，并保存为 score2.txt，行尾无空格，无空行。

程序分析

pandas 外部扩展库中给出了读取 txt 的 read_csv()方法，通过设定参数 names，确定每个字段的含义，同时，由于 txt 文件中没有索引行，head 参数需要设定为 None，并注意当读取中文文件时，需要显示指出 encoding 参数值。

程序实现

```
import pandas as pd
#使用 gbk 编码读取文件,并添加标题行
df=pd.read_csv('score.txt',encoding='utf-8',sep='\t',header\
=None,names=['name','Chinese','Math','English'])
#计算数据
df["sum"]=df[['Chinese','Math','English']].sum(axis=1)
df["mean"]=round(df[['Chinese','Math','English']].mean(axis\
```

```
=1),2)
#保存文件,不保存行列索引
df.to_csv('score2.txt',index=False,header=None,sep='\t')
```

程序结果

```
刘得意  60  98  75  233  77.67
王悦    63  90  96  249  83.0
何煜中  90  73  82  245  81.67
王磊    87  86  92  265  88.33
```

②读取 score2.txt 对成绩按照总分进行升序排序,排序后按照原格式存入新文件 sort.txt 中。

程序分析

使用 pandas 提供的排序函数直接排序。

程序实现

```
df=pd.read_csv('score2.txt', header=None,sep='\t')
df=df.sort_index(axis=0,by=4)
df.to_csv('sort.txt',index=False,header=None,sep='\t')
```

程序结果

```
王欢欢  57  33  66  156  52.0
徐一菡  85  45  62  192  64.0
桂佳    60  73  65  198  66.0
于莉    55  66  78  199  66.33
吴玮    69  76  68  213  71.0
```

③读取 score.txt 选出数学(第 3 列)成绩高于 90 分的同学,并将数据存入新的文件 math.txt 中,要求格式与原文件相同。

程序分析

pandas 库中筛选某一列满足某条件的值时,可以直接使用逻辑表达式,返回 True/False 结果,将其作为索引直接读取 DataFrame 对象 True 对应的行。

程序实现

```
df=pd.read_csv('score.txt',encoding='UTF-8',sep='\t',header\
=None)
df=df[df[2]>90]
```

```
df.to_csv('math.txt',index=False,header=None,sep='\t')
```

④读取 score2.txt 文件，根据平均分（第 6 列），统计平均分在区间[60，70），[70，80），[80，90），[90，100]的学生数量，保存到 score_mean_count.txt 文件，每条记录一行，区间信息与包含人数之间用英文半角逗号隔开，行尾无空格，无空行。参考格式如下。

[60，70），3

程序分析

使用 pandas 库提供的 cut 函数来进行离散化操作，随后统计数量。

程序实现

```
df=pd.read_csv('score2.txt',header=None,sep='\t')
#使用 cut 函数对 df 第 5 列进行离散化处理,right=False 使区间左闭右开
cut=pd.cut(df[5],bins=[60,70,80,90,100],right=False)
#统计数量,但不进行排序
count=pd.value_counts(cut,sort=False)
#写入数据
ff=open('score_mean_count.txt','w+')
for i in range(len(count)):
    ff.write(str(count.index[i])+','+str(count.values[i])+'\
    \n')
ff.close()
```

程序结果

```
[60,70),3
[70,80),43
[80,90),42
[90,100),11
```

（3）已知 Excel 文件夹下 sales_2013.xlsx、sales_2014.xlsx、sales_2015.xlsx，每个工作簿中含有三个工作表 january_20xx、february_20xx、march_20xx，分别代表对应年份的 1 月、2 月、3 月的销售数据，每个工作表均有 6 条销售数据。示例如下。（与第 5 章题目相同，编程方式不同）

Customer ID	Customer name	Invoice Number	Sale Amount	Purchase Date
1234	John	100-0002	$1，200.00	1/1/2013
2345	Mary	100-0003	$1，425.00	1/6/2013

数据集中的字段对应的含义如下。
Customer ID：购买人 ID

Customer name：购买人姓名
Invoice Number：发票号码
Sale Amount：销售金额
Purchase Date：购买日期

①分别在不使用 pandas 库与使用 pandas 库的情况下筛选出 sales_2013.xlsx 工作簿下 january_2013 工作表中销售金额大于$1，400.00 的行，并存入 more_than1400.xlsx 中。

程序分析

使用 pandas 库的 read_excel 将 excel 读取为 Dataframe 格式后处理。

程序实现

```
import pandas as pd
df=pd.read_excel('sales_2013.xlsx',sheet_name='january_2013')
df=df[df['Sale Amount']>1400]
df.to_excel('more_than1400.xlsx',index=False)
```

程序结果

Customer ID	Customer Name	Invoice Number	Sale Amount	Purchase Date
2345	Mary	100-0003	1425	1/6/2013
5678	Jenny	100-0006	1725	1/24/2013
6789	Samantha	100-0007	1995	1/31/2013

②统计 sales_2013.xlsx、sales_2014.xlsx、sales_2015.xlsx 的信息，包括每个工作簿所含有的工作表数量以及每个工作表的行数以及列数。

程序分析

使用 pandas read_excel 读取 Excel 时，令参数 sheet_name 值为 None 读取全部工作表，返回值为有序字典，字典的 key 值为工作表名，每一个 key 对应的 value 为一个工作表。

程序实现

```
import glob
import os
import pandas as pd
#获取全部 excel 路径
inputWorkbook=glob.glob(os.path.join("F:\jupy\excel","*.xlsx"))
#使用 pandas read_excel 读取 excel 时,令参数 sheet_name 值为 None 读取全部工作表,返回值为字典
for Workbook in inputWorkbook:
    print('Workbook%s'%os.path.basename(Workbook))
```

```
df=pd.read_excel(Workbook,sheet_name=None)
print("Workbook's sheet num:{}".format(len(df.keys())))#
key 值数量与工作表数量相等
for keys in df.keys():
    print('Worksheet name:{} Rows:{}
columns:{}'.format(keys,df[keys].shape[0],df[keys].shape[1]))
```

程序结果

```
Workbooksales_2013.xlsx
Workbook's sheet num:3
Worksheet name:january_2013 Rows:7 columns:5
Worksheet name:february_2013 Rows:7 columns:5
Worksheet name:march_2013 Rows:7 columns:5
Workbooksales_2014.xlsx
Workbook's sheet num:3
Worksheet name:january_2014 Rows:7 columns:5
Worksheet name:february_2014 Rows:7 columns:5
Worksheet name:march_2014 Rows:7 columns:5
Workbooksales_2015.xlsx
Workbook's sheet num:3
Worksheet name:january_2015 Rows:7 columns:5
Worksheet name:february_2015 Rows:7 columns:5
Worksheet name:march_2015 Rows:7 columns:5
```

③根据 sales_2013.xlsx、sales_2014.xlsx、sales_2015.xlsx，计算三年间 1 月、2 月、3 月的销售总额以及每个月销售额的均值。

程序分析

使用 pandas 库读取不同月份的信息，使用参数 sheet_name 设置读取的表名，然后基于 DataFrame 的内部方法 sum()函数，计算"sale Amount"列的总和，最后输出销售总和与均值。

程序实现

```
inputWorkbook=glob.glob(os.path.join("F:\jupy\excel","*.xlsx"))
#遍历工作表 按月遍历
for i in range(3):
    sum=0 #记录某个月的销售和
    #遍历工作簿 按年进行遍历
```

```
for Workbook in inputWorkbook:
    df=pd.read_excel(Workbook, sheet_name=i)
    sum=sum+df['Sale Amount'].sum()
print('{}月销售总和为:{} 均值为:{}'.format(i+1,sum,sum/3))
```

程序结果

```
1 月销售总和为:26976 均值为:8992.0
2 月销售总和为:28125 均值为:9375.0
3 月销售总和为:30417 均值为:10139.0
```

（4）现有部分豆瓣电影信息统计的数据，部分数据预览如图 6.1 所示。

	Release time	Place	Name	Age	Voters Number	Length	Type	Score	Premiere location
0	2019-02-05 00:00:00	中国大陆	流浪地球	2019	1587043	125	科幻/冒险/灾难	7.9	中国大陆
1	2019-01-11 00:00:00	中国大陆	白蛇：缘起	2019	571351	99	爱情/动画/奇幻	7.9	中国大陆
2	2019-11-29 00:00:00	中国大陆	平原上的夏洛克	2019	109604	98	剧情/喜剧/悬疑	7.9	中国大陆
3	2019-12-04 00:00:00	法国	最好的还未到来	2019	2141	117	剧情/喜剧	7.9	法国
4	2019-09-06 00:00:00	印度	最初的梦想	2019	9345	143	剧情/喜剧/爱情	7.9	印度
5	2019-10-06 00:00:00	中国大陆	我的喜马拉雅	2019	2698	90	剧情	7.9	中国大陆
6	2019-01-03 00:00:00	中国大陆	古董局中局之佛头起源	2019	2361	20	冒险	7.9	中国大陆
7	2019-09-27 00:00:00	西班牙	十七岁	2019	1240	99	剧情	7.9	秘鲁

图 6.1　部分豆瓣电影信息统计数据

其中每一列的含义如下。
Name：电影名称
Voters Number：评分人数
Type：电影类型
Place：电影产地
Release time：上映日期
Length：时长/min
Age：电影上映年份
Score：电影评分
Premiere location：上映地点
请处理"douban.csv"文件，删除重复行，剔除异常值，仅保留 2019～2020 年的电影数据。

程序分析

异常值的处理，主要从两个方面分析：①基于数据的实际意义，剔除明显不符合数据含义的内容，如电影时长过短不超过 10 min 即可视为异常值；②数据的格式是否统一，不统一格式的数据需要进行格式的修改，如电影上映时间等。

程序实现

①检查电影上映时间是否存在格式异常。

```python
import pandas as pd
df=pd.read_csv('douban.csv',index_col=0)
df=df.drop_duplicates()#删除重复数据
#正则表达式,找出格式不同的数据行
notmatch=df[df['Release time'].str.match(r"^\d{4}-\d{2}-\d{2}
00:00:00")==False]
print(notmatch)
```

部分输出如图 6.2 所示。

	Release time	Place	Name	Age	Voters Number	Length	Type	Score	Premiere location
142	2020(中国大陆) 00:00:00	美国	纽约的一个雨天	2019	80398	92	喜剧/爱情	7.4	中国大陆
181	2020(中国大陆) 00:00:00	日本	你好世界	2019	10502	97	剧情/爱情/科幻/动画	7.3	中国大陆
315	2020(中国大陆) 00:00:00	法国	致我的陌生恋人	2019	5748	118	喜剧/爱情	7.0	中国大陆
391	2020-10(中国) 00:00:00	日本	与我跳舞	2019	4498	104	喜剧/歌舞/冒险	6.8	中国大陆
494	2019-04(冲绳) 00:00:00	日本	美味家族	2019	101	95	剧情/喜剧/家庭	6.7	日本
506	2020(中国大陆) 00:00:00	日本	海兽之子	2019	5592	111	动画/奇幻/冒险	6.6	中国大陆
653	2018-08(威尼) 00:00:00	法国	真爱	2018	85	98	剧情	6.3	意大利
868	2019-02(柏林) 00:00:00	葡萄牙	葡萄牙女人	2018	60	138	剧情	6.2	德国
948	2019-07(富川) 00:00:00	韩国	第十二个嫌疑犯	2019	402	102	剧情/悬疑	6.0	韩国

图 6.2 部分程序输出

显然,存在较多的异常值,需要将格式异常的数据删除。

```python
#删除异常数据
df=df.drop(notmatch.index)
```

②检查电影产地是否存在异常。

```python
data=df['Place'].value_counts()# 统计电影产地的频次
print(data.index)# 查看电影产地名称,检查是否出现格式方面的异常
```

程序结果

```
Index(['美国','中国大陆','日本','英国','韩国','法国','印度','德国','加
拿大','中国台湾','西班牙','意大利','俄罗斯','中国香港','澳大利亚','泰
国','阿根廷','墨西哥','巴西','波兰','荷兰','比利时','爱尔兰','印度尼西
亚','智利','挪威','丹麦','越南','瑞典','菲律宾','以色列','伊朗','新加
坡','匈牙利','土耳其','新西兰','芬兰','葡萄牙','冰岛','危地马拉','马来西
亚','哥伦比亚','拉脱维亚','保加利亚','奥地利','塞尔维亚','爱沙尼亚','突
```

尼斯','哈萨克斯坦','捷克','立陶宛','南非','罗马尼亚','斯洛文尼亚','格鲁吉亚','瑞士','马其顿','塞浦路斯','乌拉圭','玻利维亚','卢森堡','科索沃','捷克 Czech Republic','摩洛哥','孟加拉国','希腊','苏丹','加拿大Canada','多米尼加','不丹','北马其顿','吉尔吉斯斯坦','沙特阿拉伯','荷兰Netherlands','蒙古','乌克兰','阿尔及利亚','缅甸','安哥拉','印度尼西亚Indonesia','秘鲁','埃及'],dtype='object')

显然，存在几个电影产地名称是中英文标记的情况，需要将电影产地中英文名删除。

```
df['Place'][df['Place']=='捷克 Czech Republic']='捷克'
df['Place'][df['Place']=='加拿大 Canada']='加拿大'
df['Place'][df['Place']=='荷兰 Netherlands']='荷兰'
df['Place'][df['Place']=='印度尼西亚 Indonesia']='印度尼西亚'
```

处理之后重新检查电影产地。

```
data=df['Place'].value_counts()
print(data.index)
```

程序输出

Index(['美国','中国大陆','日本','英国','韩国','法国','印度','加拿大','德国','中国台湾','西班牙','意大利','俄罗斯','中国香港','澳大利亚','泰国','阿根廷','墨西哥','巴西','荷兰','波兰','比利时','爱尔兰','智利','挪威','印度尼西亚','越南','丹麦','以色列','瑞典','菲律宾','匈牙利','葡萄牙','土耳其','芬兰','冰岛','新西兰','新加坡','伊朗','拉脱维亚','保加利亚','奥地利','危地马拉','捷克','马来西亚','哥伦比亚','塞尔维亚','立陶宛','格鲁吉亚','斯洛文尼亚','爱沙尼亚','南非','突尼斯','瑞士','哈萨克斯坦','罗马尼亚','印度尼西亚','希腊','多米尼加','苏丹','孟加拉国','乌拉圭','玻利维亚','秘鲁','塞浦路斯','卢森堡','不丹','埃及','北马其顿','吉尔吉斯斯坦','沙特阿拉伯','蒙古','乌克兰','阿尔及利亚','缅甸','摩洛哥','安哥拉','科索沃'],dtype='object')

③查看数值列是否存在异常。

通过调用 DataFrame.describe()对数据行进描述性统计，describe()使用默认参数时，将在忽略空值并返回数值型变量的统计结果。

```
df.describe()#查看数值列的统计情况
```

程序输出

	Age	Voters Number	Length	Score
count	2293.000000	2.293000e+03	2293.000000	2293.000000
mean	2019.245094	1.694304e+04	100.787178	6.161797

std	0.504888	8.424593e+04	27.970177	1.315662
min	2017.000000	5.400000e+01	2.000000	2.200000
25%	2019.000000	2.040000e+02	89.000000	5.300000
50%	2019.000000	6.650000e+02	99.000000	6.300000
75%	2020.000000	2.994000e+03	111.000000	7.100000
max	2020.000000	1.587043e+06	520.000000	9.600000

观察输出结果可以看出，电影长度最小值为 2 min，最大值为 520 min，存在异常值，电影的上映年份最小值为 2017 年，因此需要分别剔除掉这两列的异常值点，unique 表示总共出现多少种不同的值，top 出现次数最高的值，freq 为 top 的出现频率。

```
df.describe(include='O')#查看离散型列的统计情况
```

程序输出

	Release time	Place	Name	Type	Premiere location
count	2293	2293	2293	2293	2293
unique	530	79	2262	410	213
top	2019-08-30 00:00:00	美国	一拳超人	剧情	美国
freq	29	655	6	412	473

由此输出结果，可以整体了解离散型列的基本信息总个数。

剔除上映年份为 2017 年和 2018 年的数据。

```
wrong_age=df[(df['Age']==2017)|(df['Age']==2018)]
df=df.drop(wrong_age.index)
df['Age'].value_counts()
```

程序输出

```
2019    1607
2020     630
Name:Age,dtype:int64
```

查找电影长度小于 10 min 的电影，并确定电影时长是否有误，如果有误，修改成正确的电影时长。

```
df[df['Length']<10]
```

程序输出

	Release time	Place	Name	Age	Voters Number	Length	Type	Score	Premiere location
32	2019-04-11 00:00:00	英国	彗星美人	2019	187	2	剧情	7.8	英国

修改英国《彗星美人》电影时长为 130 min。

```
df['Length'].loc[32]=130
```

查找电影长度大于 300 min 的电影，并确定电影时长是否有误，如果有误，修改成正确的电影时长。

```
df[df['Length']>300]
```

程序输出

	Release time	Place	Name	Age	Voters Number	Length	Type	Score	Premiere location
944	2019-01-24 00:00:00	俄罗斯	列夫·朗道	2019	345	330	剧情/传记/历史	6.0	巴黎
1870	2020-02-27 00:00:00	美国	工作与时日	2019	254	520	剧情	7.8	柏林电影节
1923	2020-01-18 00:00:00	中国大陆	德云社己亥年封箱庆典 2020	2020	895	364	喜剧/脱口秀	7.3	中国大陆
1983	2020-02-28 00:00:00	德国	列夫·朗道：退变	2020	1306	369	剧情	6.9	柏林电影节

修改美国《工作与时日》电影时长为 480 min。

```
df['Length'].loc[1870]=480
```

最后，将处理后的数据存储到 Excel 表格中。

```
df=df.reset_index(drop=True)
df.to_excel('豆瓣电影数据.xlsx',index=False)
```

6.2.3　数据可视化

在 matplotlib 文件夹下"豆瓣电影数据.xlsx"保存有 2019～2020 年，豆瓣网站共计 2237 部电影的评分、投票人数等统计信息。数据集中的字段对应的含义如下。

Name：电影名称

Voters Number：评分人数

Type：电影类型

Place：电影产地

Release time：上映日期

Length：时长/min

Age：电影上映年份

Score：电影评分

Premiere location：上映地点

导入使用模块。

```
import pandas as pd
import numpy as np
import matplotlib.pyplot as plt
```

在图中显示中文。

```
plt.rcParams['font.sans-serif']=['SimHei']
plt.rcParams['axes.unicode_minus']=False
```

读入数据。

```
df=pd.read_excel('豆瓣电影数据.xlsx')
```

（1）使用 matplotlib 生成折线图，反应每月上映的电影数量变化情况，并把图形保存为本地文件 movie_number.jpg。

程序分析

将影片按照电影上映年份，增加一列电影上映月份，进而按照月份统计电影数量，并按照月份，基于 matplotlib 库中的 plot()函数实现折线图的绘制。

程序实现

```
import datetime
df['Month']=''  #在 Dataframe 中添加新的列表示上映月份
for n in range(len(df)):
    a=df['Release time'].loc[n]
    df['Month'].loc[n]=datetime.datetime.strptime(a,'%Y-%m-\
    %d%H:%M:%S').strftime('%m')
df['Month']=df['Month'].astype(int)
data=df['Month'].value_counts()#按月份统计电影数量
data=data.sort_index(ascending=True)#根据月份进行排序
data=data[0:10] #选取前 10 个月的数据
x=data.index
y=data.values
#绘图用数据,x 轴为月份,y 轴为电影数量
fig=plt.figure(figsize=(8,6))
plt.plot(x,y)
plt.title('每月电影数量',fontsize=20)
plt.xlabel('月份',fontsize=15)
```

```
plt.ylabel('电影数量',fontsize=15)
for a,b in zip(x,y):
    plt.text(a,b+1,b,ha='center',va='bottom')
plt.savefig('movie_number.jpg',dpi=200) y=data.values
#绘图用数据,x轴为年代,y轴为电影数量
plt.plot(x,y)
plt.title('每年电影数量',fontsize=20)
plt.xlabel('年代',fontsize=18)
plt.ylabel('电影数量',fontsize=18)
#在图中已每隔十年,对电影数量进行标注
for a,b in zip(x[::10],y[::10]):
    plt.text(a,b+10,b,ha='center',va='bottom')
plt.savefig('movie_number.jpg',dpi=200)
```

程序结果如图 6.3 所示。

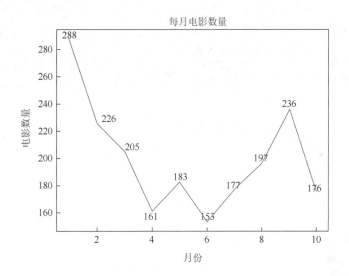

图 6.3　2019～2020 年每月上映电影折线图

（2）根据电影产地进行统计，选取上映数量大于 4 部的国家或地区，使用 matplotlib 绘制柱状图显示满足条件的每个国家或地区的电影数量，并把图形保存为本地文件 Place_movie_number.jpg。

程序分析

将影片按照电影产地统计电影数量，然后基于 matplotlib 库中的 bar() 函数实现柱状图的绘制。

程序实现

```
data=df['Place'].value_counts()#根据国家或地区,对电影数量进行统计
data=data[data>4]   #选取数量大于4的国家或地区进行绘制
x=data.index
y=data.values
#绘图用数据,x轴为国家或地区名称,y轴为电影数量
plt.figure(figsize=(10,6))
plt.bar(x,y)
plt.title('各国家或地区电影数量',fontsize=20)
plt.xlabel('国家或地区',fontsize=18)
plt.ylabel('电影数量',fontsize=18)
#将x轴文字旋转90°
plt.xticks(rotation=90)
#在每个柱子上标注本柱的数量信息
for a,b in zip(x,y):
plt.text(a,b+10,b,ha='center')
plt.tight_layout()
plt.savefig('Place_movie_number.jpg')
```

程序结果如图6.4所示。

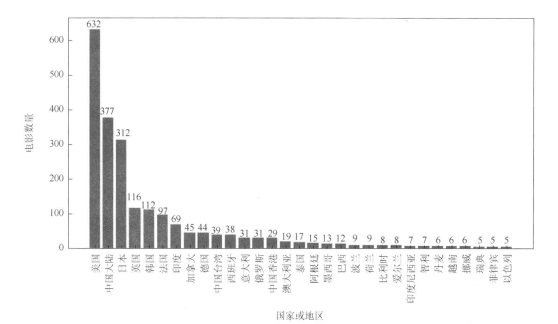

图6.4　产出电影大于4部的电影产地柱状图

（3）根据电影评分，绘制直方图，反应电影评分的分布情况，并把图形保存为本地文件 movie_score.jpg。

程序分析

基于 matplotlib 库中的 hist() 函数实现直方图的绘制。

程序实现

```
plt.figure(figsize=(8,6))
plt.hist(df['Score'],bins=10,edgecolor='k')#将评分分为10个区间
plt.title('电影评分分布',fontsize=20)
plt.xlabel('评分',fontsize=15)
plt.ylabel('电影数量',fontsize=15)
plt.savefig('movie_score.jpg')
```

程序结果如图 6.5 所示。

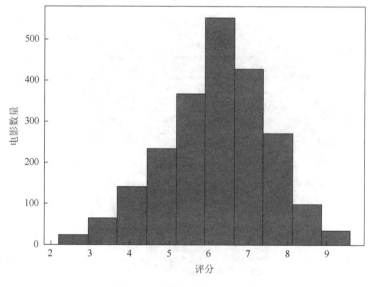

图 6.5　电影评分分布直方图

（4）按照电影时长 0～60、60～90、90～110、110 以上为区间，统计各区间电影数量，使用 matplotlib 生成饼状图显示不同时长的电影分布情况，并把图形保存为本地文件 movie_length.jpg。

程序分析

基于 pandas 库中的 cut() 函数实现电影时常的离散化，并用 value_counts() 函数统计不同区间的电影数量，最后基于码头 plotlib 库中的 pie() 函数实现饼状图的绘制。

程序实现

```
#根据电影时长对数据进行离散化处理后统计数量
data=pd.cut(df['Length'],[0,60,90,110,1000]).value_counts()
#计算饼图中每一块的比例
y=data.values
y=y/sum(y)
plt.figure(figsize=(6,6))
plt.title('电影时长占比',fontsize=20)
#绘制图像,设置饼图起始角度,显示文字的格式
plt.pie(y,labels=data.index,autopct='%.1f%%',startangle=90)
plt.legend()
plt.savefig('movie_length.jpg',dpi=200)
```

程序结果如图 6.6 所示。

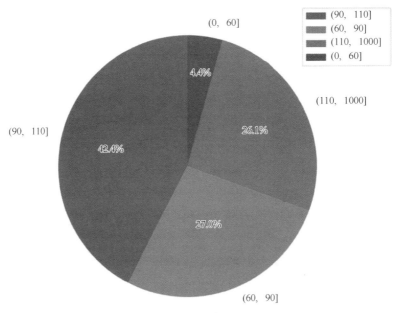

图 6.6　电影时长占比饼状图

小计数字的和可能不等于总计数字，是因为有些数字进行过舍入修约

（5）在绘制的直方图的基础上，根据电影评分的均值和方差，绘制正态分布概率密度函数，要求左边的 y 轴表示电影是数量，右边的 y 轴表示概率分布，并把图形保存为本地文件 twins.jpg。

程序分析

利用 pandas 的 figure 函数创建绘画面板，在绘制第一幅直方图时，保留直方图的每

个区间信息，进而计算电影评分的均值和方差，基于 mlab.normpdf()函数绘制正态分布概率密度分布曲线。

程序实现

```
import matplotlib.mlab as mlab
fig=plt.figure(figsize=(10,8))
#绘制第一幅图
ax1=fig.add_subplot(111)
#绘制直方图,并获取直方图的参数
n,bins,patches=ax1.hist(df['Score'],bins=100)
#设置左边 y 轴的信息
ax1.set_ylabel('电影数量',fontsize=15)
ax1.set_xlabel('评分',fontsize=15)
ax1.set_title('频率分布图',fontsize=20)
#正太分布概率密度函数
y=mlab.normpdf(bins,df['Score'].mean(),df['Score'].std())
#在图中添加第二个图像
ax2=ax1.twinx()
ax2.plot(bins,y,'r--')
#设置右边 y 轴的信息
ax2.set_ylabel('概率分布',fontsize=15)
plt.savefig('twins.jpg',dpi=200)
```

程序结果如图 6.7 所示。

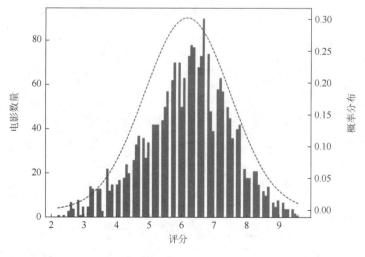

图 6.7　电影评分正态概率分布图

6.3　上机练习

2020_City_Air_Quality_Index.csv 中保存有 2020 年国内某城市某监测站点采集的空气质量监测数据。数据集中的字段对应的含义如下表所示：

列名	含义
date	日期
二氧化硫	二氧化硫浓度(单位：μg/m³)
二氧化氮	二氧化氮浓度(单位：μg/m³)
可吸入颗粒物	可吸入颗粒物浓度(单位：μg/m³)
一氧化碳	一氧化碳浓度(单位：μg/m³)
臭氧	臭氧浓度(单位：μg/m³)
细颗粒物	细颗粒物浓度(单位：μg/m³)
AQI	空气质量指数
首要污染物	计算得出的首要污染物
AQI 指数级别	计算得出的 AQI 指数级别
AQI 指数类别	计算得出的 AQI 指数类别

请结合所学知识完成以下数据分析及可视化问题。

1）使用 pandas 读取 CSV 文件中的数据，创建 DataFrame 对象，并删除其中所有缺失值；

2）使用 matplotlib 生成折线图，反映当日空气质量指数随时间的变化情况，并把图形保存为本地文件 today_AQI.jpg；

3）按月份进行统计空气质量指数均值，使用 matplotlib 绘制柱状图显示每个月份的空气质量指数均值，并把图形保存为本地文件 average_AQI_month.jpg；

提示:采用 rindex 函数可以从字符串"2020/1/1"中分离出年月,批量处理则借助 map 函数。

例:

```
xx='2017/01/01'#字符串
print(xx[:xx.rindex('/')])  #输出:2017/01

import pandas as pd
s=pd.Series(['2017/01/01','2017/02/01','2017/03/01'])#创建
Series 对象
print(s.map(lambda s: s[:s.rindex('/')]))  #输出:2017/01 2017/02
2017/01
```

函数说明:rindex()返回子字符串 str 在字符串中最后出现的位置,如果没有匹配的字符串会报异常,你可以指定可选参数[beg:end]设置查找的区间。

用法:str.rindex(str, beg=0 end=len(string))

参数:

str--查找的字符串

beg--开始查找的位置,默认为 0

end--结束查找位置,默认为字符串的长度。

返回值:返回子字符串 str 在字符串中最后出现的位置,如果没有匹配的字符串会报异常。

4）按月份进行统计，找出相邻两个月空气质量指数均值的最大差值，并把差值最大的月份写入文件 maxMonth.txt;

5）按照每 14 天为一个周期，统计自 2020/1/1 开始的五个周期内空气质量指数均值，使用 matplotlib 生成饼状图显示空气质量指数两周均值大小情况，并把图形保存为本地文件 AQI_2weeks.jpg。

第 7 章　Python 数据爬虫

7.1　目 的 要 求

（1）熟悉网页基本布局，html、css 等的基本属性和基本框架。

（2）熟悉计算机网络、HTTP 基础、浏览器审查元素使用方法。

（3）熟悉爬虫流程，包括获取数据、解析数据、提取数据、存储数据。

（4）熟悉常见的爬虫框架，包括 URLLib、scrapy、BeautifulSoup、requests、selenium 等库。

（5）能在各种场景灵活运用爬虫，并了解破解反扒机制、代理、抓取策略、加解密方法等。

7.2　上 机 指 导

（1）现给出网站 URL 为：http://www.pythonscraping.com/pages/page3.html，编写一个程序，使用 BeautifulSoup 中的方法提取并输出表格（标题除外）中第 1 列（Item Title）和第 3 列（Cost）中的所有文本，格式如下。

Vegetable Basket	$15.00
Russian Nesting Dolls	$10,000.52
Fish Painting	$10,005.00
Dead Parrot	$0.50
Mystery Box	$1.50

程序分析

在 Google Chrome 中输入并转到该网页，F12 审查元素分析网页布局，定位关键点，如图 7.1 所示。

```
▼<table id="giftList">
 ▼<tbody>
  ▶<tr>…</tr>
  ▶<tr id="gift1" class="gift">…</tr>
  ▶<tr id="gift2" class="gift">…</tr>
  ▶<tr id="gift3" class="gift">…</tr>
  ▶<tr id="gift4" class="gift">…</tr>
  ▶<tr id="gift5" class="gift">…</tr>
  </tbody>
 </table>
```

图 7.1　网页源码

　　运用 Beautifulsoup 库对网页解析，并对表格标签<tr></tr>中对应 CLASS 为 gift 的部分进行提取。

```
soup=BeautifulSoup(html.text,"html.parser")
trs=soup.find_all('tr',class_="gift")
```

　　得到结果集合，循环输出每个条目对应第 1 个和第 3 个内容信息，即 Item Title 和 Cost，注意去掉特殊字符'\n'。

```
for tr in trs:
    print(tr.contents[0].text.replace("\n",""),"\t",tr.\
contents[2].text.replace("\n",""))
```

程序实现

```
from bs4 import BeautifulSoup
import requests
if __name__=='__main__':
  html=requests.get('http://www.pythonscraping.com/pages/
  page3.html')
  soup=BeautifulSoup(html.text,"html.parser")
  trs=soup.find_all('tr',class_="gift")
  for tr in trs:

    print(tr.contents[0].text.replace("\n",""),"\t",tr.contents\
    [2].text.replace("\n",""))
```

程序结果

```
Vegetable Basket    $15.00
Russian Nesting Dolls    $10,000.52
Fish Painting  $10,005.00
Dead Parrot    $0.50
Mystery Box    $1.50
```

　　（2）利用 requests 库和正则表达式来抓取猫眼电影 TOP100 的名称、时间、评分、演员、排名信息，提取站点 URL 为 http://maoyan.com/board/4，将提取的结果以文件形式保存下来。

程序分析

　　在 Google Chrome 中输入并转到该网页，F12 审查元素分析网页布局，发现网页分为多页且分页规律，故先对单页进行分析，定位关键点，如图 7.2 所示。

```
▼<div class="main">
  ▶<p class="update-time">…</p>
   <p class="board-content">榜单规则：将猫眼电影库中的经典影片，按照评分和评分人数从高到低综合排序取前100名，每天上午10点更新。相关数据来源于"猫眼电影
   库"。</p>
  ▼<dl class="board-wrapper">
   ▼<dd>
      <i class="board-index board-index-1">1</i>
     ▼<a href="/films/1200486" title="我不是药神" class="image-link" data-act="boarditem-click" data-val="{movieId:1200486}">
        <img src="//s3plus.meituan.net/v1/mss_e2821d7…/cdn-prod/file/5788b470/image/loading_2.e3d934bf.png" alt class="poster-default">
        <img alt="我不是药神" class="board-img" src="https://p0.meituan.net/movie/414176c….jpg@160w_220h_1e_1c">
      </a>
     ▶<div class="board-item-main">…</div>
    </dd>
   ▼<dd>
      <i class="board-index board-index-2">2</i>
     ▶<a href="/films/1297" title="肖申克的救赎" class="image-link" data-act="boarditem-click" data-val="{movieId:1297}">…</a>
     ▶<div class="board-item-main">…</div>
    </dd>
   ▶<dd>…</dd>
   ▶<dd>…</dd>
   ▶<dd>…</dd>
   ▶<dd>…</dd>
   ▶<dd>…</dd>
   ▶<dd>…</dd>
   ▶<dd>…</dd>
   ▶<dd>…</dd>
   </dl>
  </div>
```

图 7.2　网页源码

运用 requests 对网页解析时，由于网站存在反扒机制，须添加请求头部伪装为浏览器请求。

```
import requests
def get_one_page(url):
    headers={'User-Agent':'Mozilla/5.0(Windows NT 10.0;Win64;
x64)AppleWebKit/537.36(KHTML,like Gecko)Chrome/83.0.4103.116
Safari/537.36'
    }
    response=requests.get(url,headers=headers)
    if response.status_code==200:
        return response.text
    return None
```

根据网页布局关键点对标签<dd></dd>中的排名、海报、名称、主演、时间、评分、演员进行非贪婪正则匹配，然后调用 findall 方法提取出一页电影的相关信息，并对提取的信息进行进一步结构化处理。

```
def parse_one_page(html):
    pattern=re.compile('<dd>.*?board-index.*?>(.*?)</i>.*?data-
src="(.*?)".*?name.*?a.*? >(.*?)</a>.*?star.*?>(.*?)</p>.
*?releasetime.*?>(.*?)</p>.*?integer.*?>(.*?)</i>.*?fraction.*
?>(.*?)</i>.*?</dd>',re.S)
    items=re.findall(pattern,html)
    for item in items:
```

```
        yield {'index':item[0],
            'image':item[1],
            'title':item[2].strip(),
            'actor':item[3].strip()[3:] if len(item[3])> 3 else '',
            'time':item[4].strip()[5:] if len(item[4])> 5 else '',
            'score':item[5].strip()+item[6].strip()}
```

此时，对单个结构化数据进行写入 TXT 文件操作如下。

```
def write_to_file(content):
    with open('result.txt','a',encoding='utf-8')as f:
        print(type(json.dumps(content)))
        f.write(json.dumps(content,ensure_ascii=False)+'\n')
```

整合以上代码，将单页电影爬取结果写入文件。

```
def main():
    url='http://maoyan.com/board/4'
    html=get_one_page(url)
    for item in parse_one_page(html):
        write_to_file(item)
```

对于分页，修改为两点，一是添加分页爬取的循环；

```
if __name__=='__main__':
for i in range(10):
main(offset=i * 10)
```

二是修改 main()方法，接收一个偏移量 offset。

```
def main(offset):
    url='http://maoyan.com/board/4? offset='+str(offset)
    html=get_one_page(url)
    for item in parse_one_page(html):
        print(item)
        write_to_file(item)
```

程序实现

```
import json
import requests
from requests.exceptions import RequestException
import re
```

```
import time

def get_one_page(url):
    try:
        headers={
            'User-Agent':'Mozilla/5.0(Windows NT 10.0;Win64;x64)
    AppleWebKit/537.36(KHTML,like Gecko)Chrome/83.0.4103.116
    Safari/537.36'
            }

        response=requests.get(url,headers=headers)
        if response.status_code==200:
          return response.text
        return None
      except RequestException:
        return None

def parse_one_page(html):
    pattern=
    re.compile('<dd>.*?board-index.*?>(\d+)</i>.*?data-src="
    (.*?)".*?name"><a'+'.*?>(.*?)</a>.*?star"> (.*?)</p>.*?
    releasetime">(.*?)</p>'+'.*?integer">(.*?)</i>.*? fraction">
    (.*?)</i>.*?</dd>',re.S)

    items=re.findall(pattern,html)
    for item in items:
        yield {'index':item[0],
              'image':item[1],
              'title':item[2],
              'actor':item[3].strip()[3:],
              'time':item[4].strip()[5:],
              'score':item[5]+item[6]
              }

def write_to_file(content):
    with open('result.txt','a',encoding='utf-8')as f:
      f.write(json.dumps(content,ensure_ascii=False)+'\n')
```

```
def main(offset):
    url='http://maoyan.com/board/4?offset='+str(offset)
    html=get_one_page(url)
    for item in parse_one_page(html):
        print(item)
        write_to_file(item)


if __name__=='__main__':
    for i in range(10):
        main(offset=i * 10)
        time.sleep(1)
```

程序结果（部分）

```
{'index': '1', 'image': 'https://p0.meituan.net/movie/414176cfa3fea8bed9b579e9f42766b9686649.jpg@160w_220h_1e_1c',
'title': '我不是药神', 'actor': '徐峥,周一围,王传君', 'time': '2018-07-05', 'score': '9.6'}
{'index': '2', 'image': 'https://p0.meituan.net/movie/8112a8345d7f1d807d026282f2371008602126.jpg@160w_220h_1e_1c',
'title': '肖申克的救赎', 'actor': '蒂姆·罗宾斯,摩根·弗里曼,鲍勃·冈顿', 'time': '1994-09-10(加拿大)', 'score': '9.5'}
{'index': '3', 'image': 'https://p1.meituan.net/movie/c9b280de01549fcb71913edec05880585769972.jpg@160w_220h_1e_1c',
'title': '绿皮书', 'actor': '维果·莫腾森,马赫沙拉·阿里,琳达·卡德里尼', 'time': '2019-03-01', 'score': '9.5'}
{'index': '4', 'image': 'https://p0.meituan.net/movie/609e45bd40346eb8b927381be8fb27a61760914.jpg@160w_220h_1e_1c',
'title': '海上钢琴师', 'actor': '蒂姆·罗斯,比尔·努恩,克兰伦斯·威廉姆斯三世', 'time': '2019-11-15', 'score': '9.3'}
{'index': '5', 'image': 'https://p1.meituan.net/movie/ac8f0004928fbce5a038a007b7c73cec746794.jpg@160w_220h_1e_1c',
'title': '小偷家族', 'actor': '中川雅也,安藤樱,松冈茉优', 'time': '2018-08-03', 'score': '8.1'}
{'index': '6', 'image': 'https://p0.meituan.net/movie/005955214d5b3e50c910d7a511b0cb571445301.jpg@160w_220h_1e_1c',
'title': '哪吒之魔童降世', 'actor': '吕艳婷,囧森瑟夫,瀚墨', 'time': '2019-07-26', 'score': '9.6'}
{'index': '7', 'image': 'https://p0.meituan.net/movie/61fea77024f83b3700603f6af93bf690585789.jpg@160w_220h_1e_1c',
'title': '霸王别姬', 'actor': '张国荣,张丰毅,巩俐', 'time': '1993-07-26', 'score': '9.5'}
{'index': '8', 'image': 'https://p1.meituan.net/movie/580d81a2c78bf204f45323ddb4244b6c6821175.jpg@160w_220h_1e_1c',
'title': '美丽人生', 'actor': '罗伯托·贝尼尼,朱斯蒂诺·杜拉诺,赛尔乔·比尼·布斯特里克', 'time': '2020-01-03', 'score': '9.3'}
{'index': '9', 'image': 'https://p0.meituan.net/movie/6bea9af4524dfbd0b668eaa7e187c3df767253.jpg@160w_220h_1e_1c',
'title': '这个杀手不太冷', 'actor': '让·雷诺,加里·奥德曼,娜塔莉·波特曼', 'time': '1994-09-14(法国)', 'score': '9.4'}
{'index': '10', 'image':
'https://p0.meituan.net/moviemachine/c2496a7290a72eac6081321898c347693550574.jpg@160w_220h_1e_1c', 'title': '盗梦空
间', 'actor': '莱昂纳多·迪卡普里奥,渡边谦,约瑟夫·高登-莱维特', 'time': '2010-09-01', 'score': '9.0'}
{'index': '11', 'image': 'https://p0.meituan.net/movie/15f1ac49b6d1ff7b71207672993ed6901536456.jpg@160w_220h_1e_1c',
'title': '怦然心动', 'actor': '玛德琳·卡罗尔,卡兰·麦克奥利菲,艾丹·奎因', 'time': '2010-07-26(美国)', 'score': '8.9'}
{'index': '12', 'image': 'https://p0.meituan.net/movie/30b20139e68c46d02e0893277d633b701292458.jpg@160w_220h_1e_1c',
'title': '千与千寻', 'actor': '柊瑠美,周冬雨,入野自由', 'time': '2019-06-21', 'score': '9.3'}
{'index': '13', 'image': 'https://p0.meituan.net/movie/b41795c4a88479137e40ebdc3d7dc040238291.jpg@160w_220h_1e_1c',
'title': '阿甘正传', 'actor': '汤姆·汉克斯,罗宾·怀特,加里·西尼斯', 'time': '1994-07-06(美国)', 'score': '9.4'}
{'index': '14', 'image':
'https://p0.meituan.net/moviemachine/eb5e33480a3d3b0f813673a33eb556381148211.jpg@160w_220h_1e_1c', 'title': '触不可
及', 'actor': '弗朗索瓦·克鲁塞,奥玛·希,安娜·勒尼', 'time': '2011-11-02(法国)', 'score': '9.1'}
{'index': '15', 'image':
'https://p0.meituan.net/moviemachine/94138dc0290a74b35786b6e3b8ece8607940668.jpg@160w_220h_1e_1c', 'title': '星际穿
越', 'actor': '马修·麦康纳,安妮·海瑟薇,杰西卡·查斯坦', 'time': '2014-11-12', 'score': '9.3'}
```

7.3 上 机 练 习

　　豆瓣是国内新型社区网络的典型代表之一，其汇聚书评、影评、乐评，提供多种交友与分享等服务，集 BLOG、交友、小组、收藏于一体，假如你是一名爱好电影的程序员，想通过爬虫获取相关信息，请回答以下问题。

（1）运用 BeautifulSoup 框架爬取豆瓣中你感兴趣的某电影大图海报以及短评。

（2）运用 BeautifulSoup 框架批量爬取电影名、导演、评分、评价数量、链接、概况、相关信息等内容，并以适当方式存储（以豆瓣 top250 电影榜单为例，可以选用 xls，csv，txt 等形式存储）。

（3）使用 selenium 自动化测试工具登录 https://search.51job.com，并搜索地点在上海的 Python 相关工作岗位并输出。

（4）使用 selenium 自动化测试工具和 requests 模拟登录豆瓣网 https://www.douban.com/，并进入豆瓣读书板块中的新书速递获取新书的作者、书名、出版社、出版时间、简介、评论数信息并输出。

第三部分　课　程　设　计

第8章 课程设计指导

8.1 题目要求：学生成绩数据分析

已知某年级学生期末考试成绩 studentScore.csv，包含考号、姓名、班级、语文、数学、英语、总分、班名次、升降幅度 9 个字段，如表 8.1 所示。要求根据所学知识完成以下任务。

表 8.1 某年级学生期末考试成绩统计表

考号	姓名	班级	语文	数学	英语	总分	班名次
70605	张璐	一班	131	143	144	418	1
70603	王雪	二班	131	135	144	410	2
70609	李林霖	一班	127	139	142	408	3
70601	赵龙逸	二班	123	148	136	407	4
70606	周鉴学	一班	126	135	140	401	5
70604	武雨萌	二班	129	133	138	400	6
70602	郑帅	一班	116	143	140	399	7
70616	王惠雯	二班	114	142	139	395	8
70607	张钰婷	一班	115	139	135	389	9
70611	王世博	二班	116	142	129	387	10
70621	李希	一班	123	130	134	387	11
70608	张冲	二班	122	124	139	385	12
70612	许宇飞	一班	118	136	131	385	13
70623	樊一凡	二班	121	123	139	383	14
70610	李瑞鑫	一班	126	115	139	380	15
70633	武作鑫	二班	121	127	131	379	16
70620	张子翔	一班	111	139	128	378	17
70625	郑传禹	二班	119	129	130	378	18
70619	武雪桐	一班	124	108	144	376	19
70614	王姗	二班	124	128	122	374	20
70613	张柏坤	一班	121	123	128	372	21
70668	李永刚	一班	116	131	122	369	22
70636	王馨月	二班	114	124	122	360	23
70667	郑曦月	一班	116	123	119	358	24
70624	赵丁文	二班	116	122	118	356	25
70626	郑美欣	一班	118	126	111	355	26

续表

考号	姓名	班级	语文	数学	英语	总分	班名次
70629	徐殿宇	二班	112	109	130	351	27
70646	李智文	一班	109	116	125	350	28
70649	张季	二班	114	117	118	349	29
70645	马加晖	一班	110	102	136	348	30
70635	徐旭	二班	114	113	120	347	31
70618	周智凯	一班	110	117	119	346	32
70643	李晓爽	二班	113	113	119	345	33
70637	张美慧	一班	117	121	106	344	34
70617	蒋埕镒	二班	112	105	126	343	35
70615	周俊文	一班	103	127	110	340	36
70634	何馨月	二班	108	110	119	337	1
70638	郑诗涵	一班	105	105	126	336	2
70622	黄宇	二班	115	111	106	332	3
70631	张俊焯	一班	101	112	106	319	4
70642	郑建志	二班	98	104	116	318	5
70627	王俊奎	一班	103	103	111	317	6
70641	何波	二班	96	130	89	315	7
70648	孙良	一班	105	102	105	312	8
70650	李春月	二班	118	82	112	312	9
70632	许明哲	一班	101	91	115	307	10
70630	王开羽	二班	112	90	104	306	11
70639	李建译	一班	109	68	126	303	12
70647	狄家硕	二班	107	67	129	303	13
70655	周娜	一班	94	98	104	296	14
70644	郑坤	二班	107	76	104	287	15
70628	张禹	一班	106	100	80	286	16
70651	袁治超	二班	105	95	82	282	17
70640	张云飞	一班	101	59	108	268	18
70656	何茂哲	二班	85	95	85	265	19
70669	袁婉艺	一班	95	71	85	251	20
70654	丁娇莹	二班	97	76	71	244	21
70661	李旭辉	一班	99	87	44	230	22
70659	王宇婷	二班	83	61	71	215	23
70652	吕明涛	一班	87	77	43	207	24
70657	赵文卓	二班	82	53	62	197	25
70653	李晟煜	一班	79	49	64	192	26
70660	李龙基	二班	99	21	67	187	27
70662	张森	一班	90	29	64	183	28
70663	王朝升	二班	78	45	47	170	29

考号	姓名	班级	语文	数学	英语	总分	班名次
70658	张忠浩	一班	86	32	46	164	30
70664	周禹志	二班	75	23	34	132	31
70665	李鸿涛	二班	66	23	34	123	32

【任务】

（1）用 pandas 读取 studentScore.csv，将缺失值丢弃处理导出为新文件 studentScoreP.csv，并查看前三行和后两行。

（2）选择预处理后的 studentScoreP.csv 文件中的列姓名、考号、班级、语文、数学、英语，导出为新的 csv 文件 studentScoreP_new.csv；重新读取新的数据集 studentScoreP_new.csv，并选择字段"150"＞＝语文＞＝"100"、"150"＞＝数学＞＝"100"、"150"＞＝英语＞＝"100"的所有数据集，导出为新的文本文件 studentScoreP_newGood.txt，要求数据之间用逗号分隔，每行末尾包含换行符。

（3）重新读取文件 studentScoreP_new.csv，按照列班级分类汇总各班语文、数学、英语的平均成绩，并将分组计算结果导出到文本文件 studentScoreP_MeanGroup.txt 中，要求分组名不作为列名。

（4）重新读取 CSV 文件 studentScoreP_new.csv，计算每位同学语文、数学、英语三科的平均成绩，并将平均成绩作为一个新的列"均值"添加到原始文件，并按照列均值降序排序，并将排序后结果转存到 Excel 文件 studentScoreP_Mean.xlsx 中。

（5）读取新的数据集 studentScoreP_Mean.xlsx，统计字段均值的最大值 maxValue、四分之三位数 threeQuartersValue、中位数 medianValue、四分之一位数 quarterValue、最小值 minValue，category = [minValue, quarterValue, medianValue, threeQuartersValue, maxValue] 和 labels = ['Poor', 'Moderate', 'Good', 'Excellent'] 将均值进行离散化，并根据离散化结果进行直方图统计，分别画出统计结果的柱状图和饼状图，并分别将柱状图和饼状图保存为 studentScoreP_Mean_bar.png、studentScoreP_Mean_pie.png，要求柱状图的 x 轴刻度以及饼状图均显示 labels，图像分辨率不低于 300 dpi。

（6）重新读取文件 studentScoreP_Mean.xlsx，分别可视化显示每位学生的平均成绩，要求包括图例、图标题，x、y 轴均显示刻度值且 x 轴刻度值以姓名显示，曲线颜色为红色，以 png 图片保存，分辨率为 400dpi，png 图片命名为 studentScoreP_Mean.png。此外，为显示美观，x 轴姓名显示请选择倾斜显示或者间隔 5 名同学显示一次学生姓名（即将姓名每隔 5 个抽样显示）。

【要求】

（1）根据以上数据处理任务，设计并编程实现数据分析与可视化系统，要求如下。

①各个任务选择用菜单实现（菜单可用字符串输出模拟或 Tkinter 形式实现）。

②各个任务名称自己定义，须由独立的函数实现，且每个任务执行成功与否须给出必要的文字提示。

③数据输入和结果输出的文件名须由人工输入，且输出结果都要以文件形式保存。

④为保持程序的健壮性,各个任务执行过程中需要进行必要的判断(如文件是否存在、输入是否合法等)、程序异常控制等。

（2）根据以上统计结果，书写不少于 300 字的结果分析。

8.2　需求分析

根据题目要求，任务主要涉及数据读取、数据查询、数据分类汇总、数据计算及排序、数据可视化、数据导出等常规的数据分析操作步骤，可以调用 Pandas 的文件读写、数据分析等功能模块实现；各任务要求用函数形式实现，需要设计各函数之间用参数传递实现各操作步骤之间的松耦合，进行模块化程序设计；各操作步骤需要用菜单实现功能选择，并提供必要的输入输出等人机交互操作；此外，在程序中应提供必要的异常控制代码，保证程序的健壮性。

8.3　概要设计

根据需求分析，可以将该系统设计为数据读取及预处理、数据选择及导出、数据分类汇总、数据计算及排序、数据统计、数据可视化 6 大功能模块，以及功能选择主菜单辅助模块，如图 8.1 所示。

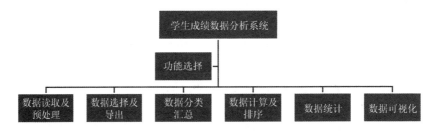

图 8.1　学生成绩数据分析系统概要设计

8.4　详细设计

8.4.1　主函数详细设计

【分析】

在 Python 函数式编程中，主函数一般比较简洁，只提供函数调用。在本例中，主函数仅包含任务调用函数。

【关键代码】

```
###########################################################
#主函数
if __name__=='__main__':
    task()#调用功能选择函数

###########################################################
```

8.4.2 功能选择模块详细设计

【分析】

功能选择模块设计应比较简洁,只提供输入、功能处理、输出部分的函数调用。其中,各功能模块采用菜单式选择。另外,由于该实例中各任务之间存在先后顺序关系,后续任务的输入可能来源于前序任务的输出,在各步骤执行前还需要判断需要的数据源是否已经准备好,即前序任务是否已经执行完毕。

具体流程如图 8.2 所示,图中 N 表示 NO,Y 表示 Yes。

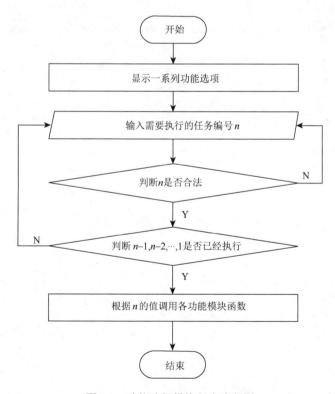

图 8.2 功能选择模块程序流程图

【关键代码】

```
##############################################################
#系统主界面
def menu():
    print('【任务选择】\n'
          '+----学生成绩数据分析及可视化系统-----------+\n'
          '|0、退出。                                |\n'
          '|1、数据读取及预处理。                      |\n'
          '|2、数据选择及导出。                        |\n'
          '|3、数据分类汇总。                          |\n'
          '|4、数据计算及排序。                        |\n'
          '|5、数据统计。                             |\n'
          '|6、数据可视化。                           |\n'
          '+-----------------------------+')

##############################################################
#功能选择模块
def task():
    while True:
        menu()#打印系统主界面
        num=input("请输入任务选项:")
        if num=='1':
            dataPreprocessing()
        elif num=='2':
            if os.path.exists('studentScoreP.csv'):
                dataSelection()
            else:
                print('未能执行当前选项,请先执行前面的选项!')
        elif num=='3':
            if os.path.exists('studentScoreP_new.csv'):
                dataGroup()
            else:
                print('未能执行当前选项,请先执行前面的选项!')
        elif num=='4':
            if os.path.exists('studentScoreP_new.csv'):
                dataCalculate()
            else:
                print('未能执行当前选项,请先执行前面的选项!')
```

```
        elif num=='5':
            if os.path.exists('studentScoreP_Mean.xlsx'):
                dataDescribeVisualization()
            else:
                print('未能执行当前选项，请先执行前面的选项!')
        elif num=='6':
            if os.path.exists('studentScoreP_Mean.xlsx'):
                dataVisualization()
            else:
                print('未能执行当前选项，请先执行前面的选项!')
        elif num=='0':
            print('程序结束!')
            break
        else:
            print('输入选项有误')
        input("回车显示菜单")
##################################################################
```

8.4.3　数据读取及预处理模块详细设计

【分析】

（1）数据读取除了文件操作 open 函数外，更为便捷的是 Pandas 提供的 read_csv 和 read_excel 两个功能，因此本示例选择 read_csv 来进行数据读取。

read_csv 和 read_excel 用法及参数解释如下。

①Pandas 读取 CSV 文件功能：read_csv。

```
read_csv(filepath_or_buffer,sep=',',delimiter=None,header=
        'infer',names=None,index_col=None,usecols=None,squeeze=
        False,prefix=None,mangle_dupe_cols=True,dtype=None,
        engine=None,converters=None,true_values=None,false_
        values=None,skipinitialspace=False,skiprows=None,nrows=
        None,na_values=None,keep_default_na=True,na_filter=
        True,verbose=False,skip_blank_lines=True,parse_dates=
        False,infer_datetime_format=False,keep_date_col=False,
        date_parser=None,dayfirst=False,iterator=False,
        chunksize=None,compression='infer',thousands=None,
        decimal=b'.',lineterminator=None,quotechar='"',quoting=
        0,escapechar=None,comment=None,encoding=None,dialect=
        None,tupleize_cols=False,error_bad_lines=True,warn_bad_
```

```
lines=True,skipfooter=0,skip_footer=0,doublequote=True,
delim_whitespace=False,as_recarray=False,compact_ints=
False,use_unsigned=False,low_memory=True,buffer_lines=
None,memory_map=False,float_precision=None)
```

参数解释

• filepath_or_buffer：（唯一一个必有参数）文件所在处的路径。

• sep：指定分隔符，默认为逗号', '。

• delimiter：定界符，备选分隔符（若指定该参数，则 sep 参数失效）。

• header：指定哪一行作为表头。默认设置为 0（即第 1 行作为表头），如果没有表头的话，要修改参数，设置 header=None。

• names：指定列的名称，用列表表示。一般我们没有表头，即 header=None 时，这个用来添加列名就很有用。

• index_col：指定哪一列数据作为行索引，可以是一列，也可以是多列。多列的话，会看到一个分层索引。

• prefix：给列名添加前缀，如 prefix="x"，会出来"x1"、"x2"、"x3"。

• nrows：需要读取的行数（从文件头开始算起）。

• encoding：乱码的时候使用。

• skiprows：需要忽略的行数（从文件开始处算起），或者需要跳过的行号列表（从 0 开始）。

②Pandas 读取 Excel 文件功能：read_excel。

```
read_excel(io,sheetname=0,header=0,skiprows=None,index_col=
          None,names=None,arse_cols=None,date_parser=None,
          na_values=None,thousands=None,convert_float=True,
          has_index_names=None,converters=None,dtype=None,
          true_values=None,false_values=None,engine=None,
          squeeze=False,**kwds)
```

参数解释

• io：excel 路径。

• sheetname：默认是 sheetname 为 0，返回多表使用 sheetname=[0，1]，若 sheetname= None 是返回全表。注：int/string 返回的是 dataframe，而 none 和 list 返回的是 dict of dataframe。

• header：指定作为列名的行，默认 0，即取第 1 行，数据为列名行以下的数据；若数据不含列名，则设定 header=None。

• skiprows：省略指定行数的数据。

• skip_footer：省略从尾部数的行数据。

• index_col：指定列为索引列，也可以使用 u'string'。

• names：指定列的名字，传入一个 list 数据。

（2）数据预处理主要包含缺失值丢弃处理、缺失值补充、重复值丢弃、异常值丢弃或规约等处理方式。本示例要求将缺失值丢弃处理，直接利用 Pandas 中的 dropna()功能即可。

【关键代码】

```
###############################################################
#读取数据
df=pd.read_csv('studentScore.csv',encoding='cp936')
#丢弃缺失值
df=df.dropna()
df.to_csv('studentScoreP.csv',encoding='cp936',index=False)
##查看前三行
print(df.head(3))
##查看后两行
print(df.tail(2))
###############################################################
```

8.4.4　数据选择及导出模块详细设计

【分析】

（1）Pandas 提供了直接索引、基于标签索引、基于位置索引等数据选择功能。

```
###############################################################
>>>import pandas as pd
>>>import numpy as np
>>>df=pd.DataFrame(np.arange(16).reshape((4,4)),index=list
     (range(4)),columns=['a','b','c','d'])
>>>df
        a       b       c       d
0       0       1       2       3
1       4       5       6       7
2       8       9      10      11
3      12      13      14      15
#直接索引
>>>df['a']
0       0
1       4
2       8
3      12
Name:a,  dtype:int32
>>>df.a
0       0
```

```
1      4
2      8
3     12
Name:a,  dtype:int32
>>>df[['a','b']]
```

	a	b
0	0	1
1	4	5
2	8	9
3	12	13

```
#基于标签索引
>>>df.loc[0:3,'a':'c'] #选择一个区间
```

	a	b	c
0	0	1	2
1	4	5	6
2	8	9	10
3	12	13	14

```
>>>df.at[1,'b'] #选择单个值
In [15]:df.at[1,'b']
Out[15]:5
#基于位置索引
>>>df.iloc[0:3,0:4]
```

	a	b	c	d
0	0	1	2	3
1	4	5	6	7
2	8	9	10	11

```
>>>df.iloc[1]#如果 iloc 方括号中直接给定一个数字或者一个 slice 的话,
默认索引的是行。其中数字的情况会返回一个 Series
a      4
b      5
c      6
d      7
Name:1,  dtype:int32
>>>df.iat[1,1] #选择单个值
In  [18]:df.at[1,1]
Out[18]:5
```

（2）数据导出除了文件操作的 write（s）和 writelines（s）之外，更为便捷的是 Pandas 提供的 to_csv 和 to_excel 两个功能。

to_csv 和 to_excel 用法及参数解释如下。

①Pandas 导出 CSV 文件功能：**to_csv**。

```
to_csv(path_or_buf=None,sep=',',na_rep='',float_format=None,
       columns=None,header=True,index=True,index_label=None,
       mode='w',encoding=None,compression=None,quoting=None,
       quotechar='"',line_terminator='\n',chunksize=None,
       tupleize_cols=None,date_format=None,doublequote=True,
       escapechar=None,decimal='.')
```

参数解释

• path_or_buf=None：字符串或文件句柄，默认无文件路径或对象，如果没有提供，结果将返回为字符串。

• sep：默认字符', '。输出文件的字段分隔符。

• na_rep：字符串，默认为 "。浮点数格式字符串。

• float_format：字符串，默认为 None。浮点数格式字符串。

• columns：顺序，可选列写入。

• header：字符串或布尔列表，默认为 True。写出列名。若给定字符串列表，则假定为列名的别名。

• index：布尔值，默认为 Ture。写入行名称（索引）。

• index_label：字符串、序列或 False，默认为 None。若有需要，可以使用索引列的列标签；若没有给出，且标题和索引为 True，则使用索引名称；若数据文件使用多索引，则应该使用这个序列；若值为 False，不输出索引字段。在 R 中使用 index_label=False 更容易导入索引。

• mode：模式，值为'str'，字符串。Python 写模式，默认"w"。

• encoding：编码，字符串，可选。表示在输出文件中使用的编码的字符串，Python 3 上默认为 UTF-8。

• compression：字符串，可选项。表示在输出文件中使用的压缩的字符串，允许值为 gzip、bz2、xz，仅在第一个参数是文件名时使用。

• line_terminator：字符串，默认为 '\n'。在输出文件中使用的换行字符或字符序列。

• quoting：CSV 模块的可选常量。默认值为 to_csv.QUOTE_MINIMAL。如果设置了浮点格式，那么浮点将转换为字符串，因此 csv.QUOTE_NONNUMERIC 会将它们视为非数值的。

• quotechar：字符串（长度 1），默认""。用于引用字段的字符。

• doublequote：布尔，默认为 Ture。控制一个字段内的 quotechar。

• escapechar：字符串（长度为 1），默认为 None。在适当的时候用来转义 sep 和 quotechar 的字符。

• chunksize：int 或 None。一次写入行。

• date_format：字符串，默认为 None。字符串对象转换为日期时间对象。

• decimal：字符串，默认'.'。字符识别为小数点分隔符，例如，欧洲数据使用 ', '。

②Pandas 导出 Excel 文件功能：**to_excel**。

```
to_excel(excel_writer,sheet_name='Sheet1',na_rep='',float_
        format=None,columns=None,header=True,index=True,
        index_label=None,startrow=0,startcol=0,engine=None,
        merge_cells=True,encoding=None,inf_rep='inf',verbose=
        True,freeze_panes=None)
```

参数解释

• excel_writer：字符串或 ExcelWriter 对象。文件路径或现有的 ExcelWriter。
• sheet_name：字符串，默认 Sheet1。将包含 DataFrame 的表的名称。
• na_rep：字符串，默认''。缺失数据表示方式。
• float_format：字符串，默认 None。格式化浮点数的字符串。
• columns：序列，可选。要编写的列。
• header：布尔或字符串列表，默认为 Ture。写出列名。若给定字符串列表，则假定它是列名称的别名。
• index：布尔，默认的 Ture。写行名（索引）。
• index_label：字符串或序列，默认为 None。若有需要，可以使用索引列的列标签；若没有给出，标题和索引为 true，则使用索引名称；若数据文件使用多索引，则需使用序列。
• startrow：左上角的单元格行来转储数据框。
• startcol：左上角的单元格列转储数据帧。
• engine：字符串，默认没有。使用写引擎，也可以通过选项 io.excel.xlsx.writer、io.excel.xls.writer、io.excel.xlsm.writer 进行设置。
• merge_cells：布尔，默认为 True。编码生成的 excel 文件。只有 xlwt 需要，其他编写者本地支持 unicode。
• inf_rep：字符串，默认"正"。无穷大的表示（在 Excel 中不存在无穷大的本地表示）。
• freeze_panes：整数的元组（长度 2），默认为 None。指定要冻结的基于 1 的最底部行和最右边的列。

【关键代码】

```
###############################################################
df_new=df.loc[: ,['姓名','考号','班级','语文','数学','英语']]
df_new.to_csv('studentScoreP_new.csv',encoding='cp936',index=\
False)
#重新读取
df_new=pd.read_csv('studentScoreP_new.csv',encoding='cp936')
df_newGood=df_new[df_new['语文']>=100]
df_newGood=df_newGood[df_new['语文']<=150]
df_newGood=df_newGood[df_new['数学']>=100]
df_newGood=df_newGood[df_new['数学']<=150]
df_newGood=df_newGood[df_new['英语']>=100]
```

```
df_newGood=df_newGood[df_new['英语']<=150]
#方法2
#df_newGood=df_new[(df_new['语文']>=100)&(df_new['语文']<=150)&\
(df_new['数学']>=100)&(df_new['数学']<=150)&(df_new['英语']>=100)\
&(df_new['英语']<=150)]
df_newGood.to_csv('studentScoreP_newGood.txt',\
encoding='cp936',index=False)
##############################################################
```

8.4.5　数据分类汇总模块详细设计

【分析】

在进行数据处理和分析时，经常需要按照某一列对原始数据进行分类汇总，即该列数值相同的行中其他列进行求和、求平均等操作，这可以通过 groupby()、sum()或 mean()方法等来实现。

本示例即按照字段"班级"分类汇总各班语文、数学、英语的班级总平均成绩。

【关键代码】

```
##############################################################
df_new=pd.read_csv('studentScoreP_new.csv',encoding='cp936')
df_new=df_new.loc[:,['班级','语文','数学','英语']]
df_new_groupby=df_new.groupby(['班级'],as_index=False).mean()
print(df_new_groupby)
df_new_groupby.to_csv('studentScoreP_newGroup.txt',encoding='\
cp936',index=False)
##############################################################
```

8.4.6　数据计算及排序模块详细设计

【分析】

数据计算除了简单的四则运算外，还包括更为复杂的数据归一化、数据变换、数据滤波等机器学习算法。Pandas 作为基于 Numpy 的工具，通过提供 Series、DataFrame、Panels 三种数据结构，为数据分析与计算提供了丰富的算法接口。

本示例需要计算三个字段的均值，直接在数据选择的基础上进行均值计算即可。

此外，本示例需要按照新字段"均值"对计算结果排序，则可以直接用 Pandas 的 sort_values 函数。

【关键代码】

```
##############################################################
df_new=pd.read_csv('studentScoreP_new.csv',encoding='cp936')
df_new['均值']=(df_new['语文']+df_new['数学']+df_new['英语'])\
/3.0
df_new.sort_values(by='均值',ascending=False)\
##按列对数据进行降序排序
print(df_new.head())
df_new.to_excel('studentScoreP_Mean.xlsx',\
encoding='cp936',index=False)
##############################################################
```

8.4.7　数据统计模块详细设计

【分析】

Pandas 数据统计功能，可以直接调用 describe()函数查看 DataFrame 数组的平均值、标准差、最大值、四分之三位数、中位数、四分之一位数、最小值等统计信息。

```
##############################################################
>>> df.describe()#平均值、标准差、最小值、最大值等信息
              A          C        D
count   4.000000   4.000000   4.0
mean   59.750000   2.500000   3.0
std    27.354159   1.290994   0.0
min    36.000000   1.000000   3.0
25%    42.750000   1.750000   3.0
50%    52.500000   2.500000   3.0
75%    69.500000   3.250000   3.0
max    98.000000   4.000000   3.0
##############################################################
```

【关键代码】

```
##############################################################
df_mean=pd.read_excel('studentScoreP_Mean.xlsx',encoding='\
cp936')
df_mean_describe=df_mean.describe()
print(type(df_mean_describe))#<class 'pandas.core.frame.\
DataFrame'>
```

```
print(df_mean_describe)
maxValue=df_mean_describe.at['max','均值']
threeQuartersValue=df_mean_describe.at['75%','均值']
medianValue=df_mean_describe.at['50%','均值']
quarterValue=df_mean_describe.at['25%','均值']
minValue=df_mean_describe.at['min','均值']
category=[minValue,quarterValue,medianValue,
          threeQuartersValue,maxValue]
labels=['Poor','Moderate','Good','Excellent']
mean_cut=pd.cut(df_mean['均值'],category,right=False,labels=\
labels)
print(mean_cut)
print(type(mean_cut))#<class 'pandas.core.series.Series'>
mean_cut_counts=mean_cut.value_counts()
print(mean_cut_counts)
print(type(mean_cut_counts))#<class 'pandas.core.series.Series '>
##################################################################
```

8.4.8 数据可视化模块详细设计

【分析】

数据可视化，是数据分析的重要组成部分。在 Python 生态系统中，包括 matplotlib、Seaborn、HoloViews、Altair、PyQtGraph、ggplot、Bokeh、pygal、VisPy、NetworkX、Plotly、geoplotlib、folium、Gleam、vincent、mpld3、python-igraph、missingno、Mayavi2、Leather 等众多的扩展库实现数据可视化功能。

不同的可视化库在不同方面具有不同的偏重，如 Seaborn、Altair 更偏重于专业统计图表绘制，PyQtGraph、VisPy、Mayavi2 更适合于数学、工程等领域制图，NetworkX、python-igraph 更适合于网络研究和分析制图，geoplotlib、folium 适合于绘制地图，等等。

然而，在诸多的第三方可视化库中，matplotlib 是 Python 中最为著名的绘图系统，很多其他的绘图系统如 seaborn 也是由其封装而来。此外，Pandas 也提供了自己的绘图接口，并结合 matplotlib 实现更为丰富的功能。

①Pandas—Series 绘图。

```
Series.plot(kind='line',ax=None,figsize=None,use_index=True,
            title=None,grid=None,legend=False,style=None,logx=
            False,logy=False,loglog=False,xticks=None,yticks=
            None,xlim=None,ylim=None,rot=None,fontsize=None,
            colormap=None,table=False,yerr=None,xerr=None,
            label=None,secondary_y=False,**kwds)
```

参数解释

• kind：str 类型，包含'line'：line plot（折线图，default）；'bar'：vertical bar plot（垂直柱状图）；'barh'：horizontal bar plot（水平柱状图）；'hist'：histogram（直方图）；'box'：boxplot（箱形图）；'kde'：Kernel Density Estimation plot（密度图）；'density'：same as'kde'（密度图）；'area'：area plot（面积图）；'pie'：pie plot（饼图）。

• ax：matplotlib axes object。If not passed，uses gca()

②Pandas—DataFrame 绘图。

```
DataFrame.plot(x=None,y=None,kind='line',ax=None,subplots=
               False,sharex=None,sharey=False,layout=None,
               figsize=None,use_index=True,title=None,grid=
               None,legend=True,style=None,logx=False,logy=
               False,loglog=False,xticks=None,yticks=None,
               xlim=None,ylim=None,rot=None,fontsize=None,
               colormap=None,table=False,yerr=None,xerr=None,
               secondary_y=False,sort_columns=False,**kwds)
```

参数解释

• x 和 y 指的是数据框列的标签或位置参数。

• kind：str 类型，包含'line'：line plot（折线图，default）；'bar'：vertical bar plot（垂直柱状图）；'barh'：horizontal bar plot（水平柱状图）；'hist'：histogram（直方图）；'box'：boxplot（箱形图）；'kde'：Kernel Density Estimation plot（密度图）；'density'：same as 'kde'（密度图）；'area'：area plot（面积图）；'pie'：pie plot（饼图）；scatter（散点图）；'hexbin'：hexbin plot.

• ax：matplotlib axes object。If not passed，uses gca()

本示例中将主要采用 Pandas 提供的绘图接口，并借用 matplotlib 扩展库实现坐标轴美观、图保存等功能。

【关键代码】

```
###################################################################
#任务 5 绘图(柱状图和饼状图)
#柱状图
plt.figure()
mean_cut_counts.plot(kind='bar',figsize=(12,8))
plt.xticks(rotation=0,fontsize=16)
plt.yticks(fontsize=16)
plt.title("平均成绩离散化统计柱状图")
plt.savefig('studentScoreP_Mean_bar.png',dpi=400)
plt.show()
```

```python
#饼状图
plt.figure()
mean_cut_counts.plot(kind='pie',figsize=(12,8))
plt.title("平均成绩离散化统计饼状图")
plt.savefig('studentScoreP_Mean_pie.png',dpi=400)
plt.show()


#任务 6 绘图
df_mean=pd.read_excel('studentScoreP_Mean.xlsx',encoding=\
'cp936')
df_mean=df_mean.loc[:,['姓名','均值']]

#利用 matplotlib 绘图
plt.figure(figsize=(12,8))
plt.plot(df_mean['姓名'],df_mean['均值'],label='均值',color=\
'red')
plt.xlabel('姓名',fontsize=12)
#姓名每隔 5 个抽样显示
xlength=len(df_mean)
print('xlength=',xlength)#65
#构建 xticks 显示位置
xticksloc=[i for i in range(xlength)if i%5==0]
print('xticksloc=',xticksloc)#[0,5,10,15,20,25,30,35,40,45,\
50,55,60]
#构建 xticks 显示标签
xtickslabels=df_mean['姓名'].values[::5]
print('xtickslabels',xtickslabels)
plt.xticks(xticksloc,xtickslabels,rotation=30)#倾斜 30 度显示
plt.ylabel('平均分',fontsize=12)
plt.legend(fontsize=16)#显示图例并设置字号
plt.title("学生平均成绩",fontsize=16)
plt.savefig('studentScoreP_Mean.png',dpi=400)
plt.show()
#############################################################
```

8.5　完整参考代码

```
############################################################
"""
Created on Sun Apr 12 16:00:42 2020
@author:Jining Yan
运行环境:Windows 10 系统,Python 3.7
"""

import pandas as pd
import matplotlib.pyplot as plt
import os

#防止中文出现乱码
plt.rcParams['font.sans-serif']=['SimHei']#黑体
plt.rcParams['axes.unicode_minus']=False

#【任务1】
def dataPreprocessing():
    while True:
        #读取数据
        fileName=input('请输入要打开的文件名 studentScore.csv:')
        try:
            df=pd.read_csv(fileName,encoding='cp936')
            #丢弃缺失值
            df=df.dropna()
            df.to_csv('studentScoreP.csv',encoding='cp936',\
            index=False)
            ##查看前三行
            print(df.head(3))
            ##查看后两行
            print(df.tail(2))
            print("任务 1 执行成功！")
            break
        except:
            print('任务 1 执行失败')
```

```python
#【任务2】
def dataSelection():
    while True:
        #读取数据
        fileName=input('请输入要打开的文件名 studentScoreP.csv:')
        try:
            df=pd.read_csv(fileName,encoding='cp936')
            df_new=df.loc[:,['姓名','考号','班级','语文','数学',\
            '英语']]
            try:
                df_new.to_csv('studentScoreP_new.csv',\
encoding='cp936',index=False)

                df_new=pd.read_csv('studentScoreP_new.csv',\
encoding='cp936')
                df_newGood=df_new[df_new['语文']>=100]
                df_newGood=df_newGood[df_new['语文']<=150]
                df_newGood=df_newGood[df_new['数学']>=100]
                df_newGood=df_newGood[df_new['数学']<=150]
                df_newGood=df_newGood[df_new['英语']>=100]
                df_newGood=df_newGood[df_new['英语']<=150]
#方法2
#df_newGood=df_new[(df_new['语文']>=100)&(df_new['语文']<=150)&
(df_new['数学']>=100)&(df_new['数学']<=150)&
(df_new['英语']>=100)&  (df_new['英语']<=150)]

                df_newGood.to_csv('studentScoreP_newGood.txt',\
encoding='cp936',index=False)
                print("任务2执行成功! ")
                break
            except:#打开文件失败时执行的代码
                print('文件导出失败! ')
        except:
            print('任务2执行失败')
#【任务3】
def dataGroup():
    while True:
        #读取数据
```

```
    fileName=input('请输入要打开的文件名 studentScoreP_new.\
    csv:')
    try:
        df_new=pd.read_csv(fileName,encoding='cp936')
        df_new=df_new.loc[:,['班级','语文','数学','英语']]
        df_new_groupby=df_new.groupby(['班级'],\
    as_index= False).mean()
        print(df_new_groupby)
        df_new_groupby.to_csv('studentScoreP_newGroup.txt',\
    encoding='cp936',index=False)
        print("任务 3 执行成功! ")
        break
    except:
        print('任务 3 执行失败')


#【任务 4】
def dataCalculate():
    while True:
        #读取数据
        fileName=input('请输入要打开的文件名 studentScoreP_new.\
    csv:')
        try:
            df_new=pd.read_csv(fileName,encoding='cp936')
            df_new['均值']=(df_new['语文']+df_new['数学']+\
    df_new['英语'])/3.0
            df_new.sort_values(by='均值',ascending=False)#按列
    对数据进行降序排序
            df_new.to_excel('studentScoreP_Mean.xlsx',\
    encoding='cp936',index=False)
            print("任务 4 执行成功! ")
            break
        except:
            print('任务 4 执行失败')


#【任务 5】
def dataDescribeVisualization():
    while True:
        #读取数据
```

```
fileName=input('请输入要打开的文件名 studentScoreP_Mean.\
xlsx:')
try:
df_mean=pd.read_excel(fileName,encoding='cp936')
df_mean_describe=df_mean.describe()
print(type(df_mean_describe))#<class\
'pandas.core.frame.DataFrame'>
print(df_mean_describe)
maxValue=df_mean_describe.at['max','均值']
threeQuartersValue=df_mean_describe.at['75%','均值']
medianValue=df_mean_describe.at['50%','均值']
quarterValue=df_mean_describe.at['25%','均值']
minValue=df_mean_describe.at['min','均值']
category=[minValue,quarterValue,medianValue,\
threeQuartersValue,maxValue]
labels=['Poor','Moderate','Good','Excellent']
mean_cut=pd.cut(df_mean['均值'],category,right=False,\
labels=labels)
print(mean_cut)
print(type(mean_cut))#<class'pandas.core.series.\
Series'>
mean_cut_counts=mean_cut.value_counts()
print(mean_cut_counts)
print(type(mean_cut_counts))#<class\
'pandas.core.series.Series'>

#柱状图
plt.figure()
mean_cut_counts.plot(kind='bar',figsize=(12,8))
plt.xticks(rotation=0,fontsize=16)
plt.yticks(fontsize=16)
plt.title("平均成绩离散化统计柱状图")
plt.savefig('studentScoreP_Mean_bar.png',dpi=400)
plt.show()

#饼状图
plt.figure()
mean_cut_counts.plot(kind='pie',figsize=(12,8))
```

```
        plt.title("平均成绩离散化统计饼状图")
        plt.savefig('studentScoreP_Mean_pie.png',dpi=400)
        plt.show()
        print("任务5执行成功! ")
        break
    except:
        print('任务5执行失败')


#【任务6】
def dataVisualization():
    while True:
        #读取数据
        fileName=input('请输入要打开的文件名 studentScoreP_Mean.\
        xlsx:')
        try:
            df_mean=pd.read_excel(fileName,encoding='cp936')
            df_mean=df_mean.loc[:,['姓名','均值']]

            #利用 matplotlib 绘图
            plt.figure(figsize=(12,8))
            plt.plot(df_mean['姓名'],df_mean['均值'],label=\
            '均值',color='red')
            plt.xlabel('姓名',fontsize=12)
            #姓名每隔5个抽样显示
            xlength=len(df_mean)
            print('xlength=',xlength)#65
            #构建 xticks 显示位置
            xticksloc=[i for i in range(xlength)if i%5==0]
            print('xticksloc=',xticksloc)#[0,5,10,15,20,25,30,35,
            40,45,50,55,60]
            #构建 xticks 显示标签
            xtickslabels=df_mean['姓名'].values[::5]
            print('xtickslabels',xtickslabels)
            plt.xticks(xticksloc,xtickslabels,rotation=30)#倾斜 30\
            度显示
            plt.ylabel('平均分',fontsize=12)
            plt.legend(fontsize=16)#显示图例并设置字号
            plt.title("学生平均成绩",fontsize=16)
```

```python
            plt.savefig('studentScoreP_Mean.png',dpi=400)
            plt.show()
            print("任务 6 执行成功！")
            break
        except:
            print('任务 6 执行失败')
#系统主界面
def menu():
    print('【任务选择】\n'
          '+----学生成绩数据分析及可视化系统-----------+\n'
          '|0、退出。                                   |\n'
          '|1、数据读取及预处理。                        |\n'
          '|2、数据选择及导出。                          |\n'
          '|3、数据分类汇总。                            |\n'
          '|4、数据计算及排序。                          |\n'
          '|5、数据统计。                                |\n'
          '|6、数据可视化。                              |\n'
          '+-----------------------------+')


#功能选择模块
def task():
    while True:
        menu()#打印系统主界面
        num=input("请输入任务选项:")
        if num=='1':
            dataPreprocessing()
        elif num=='2':
            if os.path.exists('studentScoreP.csv'):
                dataSelection()
            else:
                print('未能执行当前选项,请先执行前面的选项！')
        elif num=='3':
            if os.path.exists('studentScoreP_new.csv'):
                dataGroup()
            else:
                print('未能执行当前选项,请先执行前面的选项！')
        elif num=='4':
            if os.path.exists('studentScoreP_new.csv'):
```

```
                    dataCalculate()
            else:
                print('未能执行当前选项,请先执行前面的选项! ')
        elif num=='5':
            if os.path.exists('studentScoreP_Mean.xlsx'):
                dataDescribeVisualization()
            else:
                print('未能执行当前选项,请先执行前面的选项! ')
        elif num=='6':
            if os.path.exists('studentScoreP_Mean.xlsx'):
                dataVisualization()
            else:
                print('未能执行当前选项,请先执行前面的选项! ')
        elif num=='0':
            print('程序结束! ')
            break
        else:
            print('输入选项有误')
        input("回车显示菜单")
#主函数
if __name__=='__main__':
    task()#调用功能选择函数
################################################################################
```

8.6　结果分析

（1）通过统计一班和二班语文、数学、英语三科成绩均高于 100 分的情况，发现共 42 名同学三科均高于 100 分，约占学生总数的 62%（42/68 = 0.62）。

（2）通过按照班级分类汇总语文、数学、英语三科平均成绩，可以发现：一班的语文班级平均成绩 108.76 与二班的语文平均成绩 107.23 基本持平；一班的数学平均成绩 105.76 明显高于二班的数学平均成绩 99.88；一般的英语平均成绩 111.17 明显高于二班的英语平均成绩 106.82。单纯从语文、数学、英语三科班级平均成绩来看，一班稍优于二班。

（3）通过计算两个班级各同学语文、数学、英语三科平均成绩来看，三科最高平均成绩 139，三科最低平均成绩 41。其中三科平均成绩高于 130 的共 8 位同学，一班二班各占 4 名；三科平均成绩低于 60 分的共 4 名同学，一班 1 名二班 3 名。

第9章 资源环境类数据综合分析

题目一 2010年美国5个著名城市空气质量分析

【数据说明】

2010 年美国 5 个著名城市纽约（New York）、华盛顿（Washington D.C）、休斯敦（Houston）、洛杉矶（Los Angeles）、费城（Philadelphia）的空气质量数据，主要包括 4 个最主要的污染物，分别是二氧化氮（NO_2）、二氧化硫（SO_2）、一氧化碳（NO）、臭氧（O_3）。

字段说明

（1）序号（ID）：记录序号。

（2）州代码（State Code）：由美国环境保护局分配给每个州的代码。

（3）县代码（County Code）：由美国环境保护局分配的特定州的代码。

（4）地点编号（Site Num）：由美国环境保护局分配的特定县的地点编号。

（5）地址（Address）：监测站点的地址。

（6）状态（State）：监测点的状态。

（7）县（County）：县监测站点。

（8）城市（City）：监测点的城市。

（9）日期本地（Date Local）：监视日期。

（10）四种污染物（NO_2、O_3、SO_2、O_3）各有 5 个专栏。例如，对于 NO_2：

①NO_2 单位（NO2 Unites），即测量 NO_2 的单位。

②NO_2 平均值（NO2 Mean），即给定日内 NO_2 浓度的算术平均值。

③NO_2 第一最大值（NO2 1st Max Value），即给定日期的 NO_2 浓度的最大值。

④NO_2 第一最大值时间（NO2 1st Max Hour），即给定日期的 NO_2 浓度的最大值所处的时间。

⑤NO_2 AQI（NO2 AQI），即一天内 NO_2 计算的空气质量指数。

【任务】

（1）用 pandas 库读取 pollution_us_5city_2010_SO2_O3_NO2_CO.csv 文件，查看前 3 行、后 2 行。

（2）删除列 State Code、County Code、Site Num、Address，并将剩余列用 pandas 数据预处理模块将缺失值丢弃处理，导出到新的 csv 文件 pollution_us_5city_2010_SO2_O3_NO2_CO_new.csv。

（3）利用 pandas 库读取新的数据集 pollution_us_5city_2010_SO2_O3_NO2_CO_new.csv，并选择字段 County=="Queens"的所有数据集，导出为文本文件 pollution_us_Queens_2010_SO2_O3_NO2_CO_new.txt，要求数据之间用逗号分隔，每行末尾包含换行符。

（4）读取文本文件 pollution_us_Queens_2010_SO2_O3_NO2_CO_new.txt，并转存到 Excel 文件 pollution_us_Queens_2010_SO2_O3_NO2_CO_new.xlsx 中。

（5）重新读取文本文件 pollution_us_Queens_2010_SO2_O3_NO2_CO_new.txt，分别可视化显示 2010 年的 NO_2、SO_2、O_3、CO 的月均值，要求每幅图均包括图例、图标题、x、y 轴均显示刻度值且 x 轴刻度值以月显示，每幅图曲线颜色分别为红色、绿色、蓝色、黑色；每样污染物分别保存为 png 图片保存，分辨率为 400 dpi，png 图片命名分别为 NO2_Mean.png、SO2_Mean.png、O3_Mean.png、CO_Mean.png。

【要求】

（1）根据以上数据处理任务，设计并编程实现"数据分析与可视化系统"，要求：

①各个任务选择用菜单实现（菜单可用字符串输出模拟或 Tkinter 形式实现）。

②各个任务名称自己定义，须由独立的函数实现，且每个任务执行成功与否须给出必要的文字提示。

③数据输入和结果输出的文件名须由人工输入，且输出结果都要以文件形式保存。

④为保持程序的健壮性，各个任务执行过程中需要进行必要的判断（如文件是否存在、输入是否合法等）、程序异常控制等。

（2）根据以上统计结果，书写不少于 300 字的结果分析。

题目二　2006～2010 年美国 5 个著名城市空气中 SO_2 污染情况分析

【数据说明】

2006～2010 年美国 5 个著名城市纽约、华盛顿、休斯敦、洛杉矶、费城的空气中 SO_2 污染情况数据。

字段说明

（1）序号（ID）：记录序号。

（2）州代码（State Code）：由美国环境保护局分配给每个州的代码。

（3）县代码（County Code）：由美国环境保护局分配的特定州的代码。

（4）地点编号（Site Num）：由美国环境保护局分配的特定县的地点编号。

（5）地址（Address）：监测站点的地址。

（6）状态（State）：监测点的状态。

（7）县（County）：县监测站点。

（8）城市（City）：监测点的城市。

（9）日期本地（Date Local）：监视日期。

（10）SO_2 污染物有 5 个专栏：

①SO_2 单位（SO2 Unites），即测量 SO_2 的单位。

②SO_2 平均值（SO2 Mean），即给定日内 SO_2 浓度的算术平均值。

③SO_2 第一最大值（SO2 lst Max Value），即给定日期的 SO_2 浓度的最大值。

④SO_2 第一最大值时间（SO2 1st Max Hour），即给定日期的 SO_2 浓度的最大值所处的时间。

⑤SO_2 AQI（SO2 AQI），即一天内 SO_2 计算的空气质量指数。

【任务】

（1）用 pandas 库读取 pollution_us_5city_2006_2010_SO2.csv 文件，查看前 5 行、后 2 行。

（2）删除列 State Code、County Code、Site Num、Address，并将剩余列用 pandas 数据预处理模块将缺失值填充为该列的平均值，导出到 Excel 文件 pollution_us_5city_2006_2010_SO2.xlsx。

（3）读取新的数据集 pollution_us_5city_2006_2010_SO2.xlsx，并选择字段 City=="New York"的所有数据集，导出为文本文件 pollution_us_NewYork_2006_2010_SO2.txt，要求数据之间用空格分隔，每行末尾包含换行符。

（4）读取文本文件 pollution_us_NewYork_2006_2010_SO2.txt，并选择字段 Date Local 位于[2007/1/1，2009/12/31] 区间的所有数据集转存到 CSV 文件 pollution_us_NewYork_2007_2009_SO2.csv 中。

（5）读取 CSV 文件 pollution_us_NewYork_2007_2009_SO2.csv，计算同一个城市（字段 City）的 SO2 Mean、SO2 1st Max Hour、SO2 AQI 的月均值，并利用 matplotlib 库可视化显示，要求包括图例、图标题，x 轴刻度以"年—月"显示（为显示美观，请倾斜 90 度显示），y 轴显示刻度值，每幅图曲线颜色分别为红色、绿色和蓝色。

【要求】

（1）根据以上数据处理任务，设计并编程实现"数据分析与可视化系统"，要求。

①各个任务选择用菜单实现（菜单可用字符串输出模拟或 Tkinter 形式实现）。

②各个任务名称自己定义，须由独立的函数实现，且每个任务执行成功与否须给出必要的文字提示。

③数据输入和结果输出的文件名须由人工输入，且输出结果都要以文件形式保存。

④为保持程序的健壮性，各个任务执行过程中需要进行必要的判断（如文件是否存在、输入是否合法等）、程序异常控制等。

（2）根据以上统计结果，书写不少于 300 字的结果分析。

题目三　2006～2010 年美国 5 个著名城市空气中 O₃ 污染情况分析

【数据说明】

2006～2010 年美国 5 个著名城市纽约、华盛顿、休斯敦、洛杉矶、费城的空气中 O₃ 污染情况数据。

字段说明

（1）序号（ID）：记录序号。

（2）州代码（State Code）：由美国环境保护局分配给每个州的代码。

（3）县代码（County Code）：由美国环境保护局分配的特定州的代码。

（4）地点编号（Site Num）：由美国环境保护局分配的特定县的地点编号。

（5）地址（Address）：监测站点的地址。

（6）状态（State）：监测点的状态。

（7）县（County）：县监测站点。

（8）城市（City）：监测点的城市。

（9）日期本地（Date Local）：监视日期。

（10）O₃ 污染物有 5 个专栏。

①O₃ 单位（O3 Unites），即测量 O₃ 的单位。

②O₃ 平均值（O3 Mean），即给定日内 O₃ 浓度的算术平均值。

③O₃ 第一最大值（O3 lst Max Value），即给定日期的 O₃ 浓度的最大值。

④O₃ 第一最大值时间（O3 1st Max Hour），即给定日期的 O₃ 浓度的最大值所处的时间。

⑤O₃ AQI（O3 AQI），即一天内 O₃ 计算的空气质量指数。

【任务】

（1）用 pandas 库读取 pollution_us_5city_2006_2010_O3.csv 文件，查看前 5 行、后 2 行。

（2）选择 2007～2009 年数据集，将缺失值丢弃处理，并将预处理后结果导出到 CSV 文件 pollution_us_5city_2007_2009_O3.csv。

（3）读取新的数据集 pollution_us_5city_2007_2009_O3.csv，分别选择字段 City=="Houston"、City=="New York"、City="Washington"的所有数据集，分别导出为文本文件 pollution_us_ Houston_2007_2009_O3.txt 、 pollution_us_NewYork_2007_2009_O3.txt 、 pollution_us_Washington_2007_2009_O3.txt，要求数据之间用空格分隔，每行末尾包含换行符。

（4）分别读取文本文件 pollution_us_Houston_2007_2009_O3.txt、pollution_us_NewYork_2007_2009_O3.txt、pollution_us_Washington_2007_2009_O3.txt，并转存到 Excel 文件 pollution_us_Houston_2007_2009_O3.xlsx、pollution_us_NewYork_2007_2009_O3.xlsx、pollution_us_Washington_2007_2009_O3.xlsx 中。

（5）读取 Excel 文件 pollution_us_Houston_2007_2009_O3.xlsx、 pollution_us_NewYork_2007_2009_O3.xlsx、pollution_us_Washington_2007_2009_O3.xlsx，利用 matplotlib 库，可视化对比显示 3 个城市 2007～2009 年 O3Mean、O3AQI、O31st Max Hour 的值，要求三幅图的名称分别为 Houston_NewYork_Washington_2007_2009_O3Mean、Houston_NewYork_Washington_2007_2009_O3AQI、Houston_NewYork_Washington_2007_2009_O31stMaxHour，包括图例，x 轴刻度以"年—月"显示（为显示美观，请倾斜 90 度显示），y 轴显示刻度值，每幅图中三条曲线颜色分别为红色、绿色、蓝色。

【要求】

（1）根据以上数据处理任务，设计并编程实现"数据分析与可视化系统"，要求：

①各个任务选择用菜单实现（菜单可用字符串输出模拟或 Tkinter 形式实现）。

②各个任务名称自己定义，须由独立的函数实现，且每个任务执行成功与否须给出必要的文字提示。

③数据输入和结果输出的文件名须由人工输入，且输出结果都要以文件形式保存。

④为保持程序的健壮性，各个任务执行过程中需要进行必要的判断（如文件是否存在、输入是否合法等）、程序异常控制等。

（2）根据以上统计结果，书写不少于 300 字的结果分析。

题目四 2006～2010 年美国 5 个著名城市空气中 NO_2 污染情况分析

【数据说明】

2006～2010 年美国 5 个著名城市纽约、华盛顿、休斯敦、洛杉矶、费城的空气中 NO_2 污染情况数据。

字段说明

（1）序号（ID）：记录序号。

（2）州代码（State Code）：由美国环境保护局分配给每个州的代码。

（3）县代码（County Code）：由美国环境保护局分配的特定州的代码。

（4）地点编号（Site Num）：由美国环境保护局分配的特定县的地点编号。

（5）地址（Address）：监测站点的地址。

（6）状态（State）：监测点的状态。

（7）县（County）：县监测站点。

（8）城市（City）：监测点的城市。

（9）日期本地（Date Local）：监视日期。

（10）NO_2 污染物有 5 个专栏。

①NO_2 单位（NO2 Unites），即测量 NO_2 的单位。

②NO_2 平均值（NO2 Mean），即给定日内 NO_2 浓度的算术平均值。

③NO_2 第一最大值（NO2 lst Max Value），即给定日期的 NO_2 浓度的最大值。

④NO_2 第一最大值时间（NO2 1st Max Hour），即给定日期的 NO_2 浓度的最大值所处的时间。

⑤NO_2 AQI（NO2 AQI），即一天内 NO_2 计算的空气质量指数。

【任务】

（1）用 pandas 库读取 pollution_us_5city_2006_2010_NO2.csv 文件，查看前 5 行、后 2 行。

（2）选择 2007 年数据集，将缺失值丢弃处理，并将预处理后结果导出到文本文件 pollution_us_5city_2007_NO2.txt，要求数据之间用空格分隔，每行末尾包含换行符。

（3）读取文本文件 pollution_us_5city_2007_NO2.txt，统计总行数、总列数，并按照 County Code 降序排序，并将排序后结果导出为 CSV 文件 pollution_us_5city_2007_NO2_descending.csv。

（4）读取新的数据集 pollution_us_5city_2007_NO2_descending.csv，利用 category=[0, 25，50，75，100，125，150]和 labels=['Good', 'Moderate', 'SubUnhealthy', 'Unhealthy', 'VeryUnhealthy', 'Hazardous']将 County=="Queens"的 NO2 AQI 进行离散化，并根据离散化结果进行统计，分别画出统计结果的柱状图和饼状图，并分别保存为 NO2_AQI_bar.png、NO2_AQI_pie.png，要求分辨率不低于 300 dpi。

【要求】

（1）根据以上数据处理任务，设计并编程实现"数据分析与可视化系统"，要求：

①各个任务选择用菜单实现（菜单可用字符串输出模拟或 Tkinter 形式实现）。

②各个任务名称自己定义，须由独立的函数实现，且每个任务执行成功与否须给出必要的文字提示。

③数据输入和结果输出的文件名须由人工输入，且输出结果都要以文件形式保存。

④为保持程序的健壮性，各个任务执行过程中需要进行必要的判断（如文件是否存在、输入是否合法等）、程序异常控制等。

（2）根据以上统计结果，书写不少于 300 字的结果分析。

题目五　2006～2010 年美国 5 个著名城市空气中CO污染情况分析

【数据说明】

2006～2010 年美国 5 个著名城市纽约、华盛顿、休斯敦、洛杉矶、费城的空气中 NO 污染情况数据。

字段说明

（1）序号（ID）：记录序号。

（2）州代码（State Code）：由美国环境保护局分配给每个州的代码。

（3）县代码（County Code）：由美国环境保护局分配的特定州的代码。

（4）地点编号（Site Num）：由美国环境保护局分配的特定县的地点编号。

（5）地址（Address）：监测站点的地址。

（6）状态（State）：监测点的状态。

（7）县（County）：县监测站点。

（8）城市（City）：监测点的城市。

（9）日期本地（Date Local）：监视日期。

（10）CO 污染物有 5 个专栏。

①CO 单位（CO Unites），即测量 CO 的单位。

②CO 平均值（CO Mean），即给定日内 CO 浓度的算术平均值。

③CO 第一最大值（CO lst Max Value），即给定日期的 CO 浓度的最大值。

④CO 第一最大值时间（CO 1st Max Hour），即给定日期的 CO 浓度的最大值所处的时间。

⑤CO AQI（CO AQI），即一天内 CO 计算的空气质量指数。

【任务】

（1）用 pandas 库读取 pollution_us_5city_2006_2010_CO.csv 文件，查看前 5 行、后 2 行。

（2）选择 City=="New York"、Date Local、CO Mean、CO 1st Max Hour 4 列，将缺失值全部丢弃处理，并将处理后结果导出为文本文件 pollution_us_NewYork_2006_2010_COMean.txt，要求数据之间用空格分隔，每行末尾包含换行符。

（3）读取文本文件 pollution_us_ NewYork _2006_2010_COMean.txt，选择 CO 1st Max Hour="20"的所有行，以 Date Local 为横轴，以 CO Mean 为纵轴，画折线图，包括图例、图标题。为了显示美观，可以将日期 Date Local 每隔若干个抽样且倾斜 45 度显示，曲线颜色分别为红色。

（4）重新读取 pollution_us_5city_2006_2010_CO.csv 文件，选择 City=="New York"、Date Local、CO AQI 3 列，按照列 CO AQI 降序排序，并将排序后结果导出为 Excel 文件 pollution_us_NewYork_2006_2010_COAQI.xlsx。

（5）读取 Excel 文件 pollution_us_NewYork_2006_2010_COAQI.xlsx，利用 category=[0，5，10，15，20，25，30]和 labels=['Good', 'Moderate', 'SubUnhealthy', 'Unhealthy', 'VeryUnhealthy', 'Hazardous']将 CO AQI 进行离散化，并根据离散化结果画出饼状图，保存为 CO_AQI_pie.png，要求分辨率不低于 300 dpi。

【要求】

（1）根据以上数据处理任务，设计并编程实现"数据分析与可视化系统"，要求：

①各个任务选择用菜单实现（菜单可用字符串输出模拟或 Tkinter 形式实现）。

②各个任务名称自己定义，须由独立的函数实现，且每个任务执行成功与否须给出必要的文字提示。

③数据输入和结果输出的文件名须由人工输入，且输出结果都要以文件形式保存。

④为保持程序的健壮性，各个任务执行过程中需要进行必要的判断（如文件是否存在、输入是否合法等）、程序异常控制等。

（2）根据以上统计结果，书写不少于 300 字的结果分析。

题目六　2010～2014 年北京市 PM2.5 数据分析

【数据说明】

2010～2014 年北京市每小时天气预报数据。

字段说明

（1）No：行序号。

（2）year：行数据记录年份。

（3）month：行数据记录月份。

（4）day：行数据记录日期。

（5）hour：行数据记录时间。

（6）pm2.5：PM2.5 浓度（单位：$\mu g/m^3$）。

（7）DEWP：Dew Point（单位：℃）。

（8）TEMP：温度（单位：℃）。

（9）PRES：压力（单位：hPa）。

（10）cbwd：风向。

（11）Iws：风力（单位：m/s）。

（12）Is：累计下雪时长。

（13）Ir：累计下雨时长。

【任务】

（1）用 pandas 库读取 PRSA_data_2010.1.1-2014.12.31.csv 文件，查看前 3 行、后 2 行。

（2）删除列 DEWP、TEMP、PRES、cbwd、Iws、Is、Ir，并将剩余列用 pandas 数据预处理模块将缺失值丢弃处理，导出到新的 csv 文件 pm25_data_2010.1.1-2014.12.31.csv。

（3）利用 pandas 库读取新的数据集 pm25_data_2010.1.1-2014.12.31.csv，并选择字段 pm2.5 大于 300 的所有数据集，导出为文本文件 pm25_hazardous_data_2010.1.1-2014. 12.31.txt，要求数据之间用逗号分隔，每行末尾包含换行符。

（4）读取文本文件 pm25_hazardous_data_2010.1.1-2014.12.31.txt 并转存到 Excel 文件 pm25_hazardous_data_2010.1.1-2014.12.31.xlsx 中。

（5）重新读取文本文件读取文本文件 pm25_hazardous_data_2010.1.1-2014.12.31.txt，分别统计出现最多的 month、day、hour，并将 month、day、hour 的出现频次用柱状图显示。要求包括图例、图标题，x、y 轴均显示刻度值，柱状图填充颜色分别为红色、绿色、蓝色；并将结果保存为 png 图片保存，分辨率为 400 dpi，png 图片命名分别为 pm25_hazardous_month_day_hour.png。

【要求】

（1）根据以上数据处理任务，设计并编程实现"数据分析与可视化系统"，要求：

①各个任务选择用菜单实现（菜单可用字符串输出模拟或 Tkinter 形式实现）。

②各个任务名称自己定义，须由独立的函数实现，且每个任务执行成功与否须给出必要的文字提示。

③数据输入和结果输出的文件名须由人工输入，且输出结果都要以文件形式保存。

④为保持程序的健壮性，各个任务执行过程中需要进行必要的判断（如文件是否存在、输入是否合法等）、程序异常控制等。

（2）根据以上统计结果，书写不少于 300 字的结果分析。

题目七　2010～2014 年北京市地面温度数据分析

【数据说明】

2010～2014 年北京市每小时天气预报数据。

字段说明

（1）No：行序号。

（2）year：行数据记录年份。

（3）month：行数据记录月份。

（4）day：行数据记录日期。

（5）hour：行数据记录时间。

（6）pm2.5：PM2.5 浓度（单位：$\mu g/m^3$）。

（7）DEWP：Dew Point（单位：℃）。

（8）TEMP：温度（单位：℃）。

（9）PRES：压力（单位：hPa）。

（10）cbwd：风向。

（11）Iws：风力（单位：m/s）。

（12）Is：累计下雪时长。

（13）Ir：累计下雨时长。

【任务】

（1）用 pandas 库读取 PRSA_data_2010.1.1-2014.12.31.csv 文件，查看前 3 行、后 2 行。

（2）删除列 pm2.5、DEWP、PRES、cbwd、Iws、Is、Ir，将缺失值全部填充为 100，并将剩余列导出到新的 Excel 文件 temp_data_2010.1.1-2014.12.31.xlsx。

（3）读取新的数据集 temp_data_2010.1.1-2014.12.31.xlsx，并选择字段 year=="2010" 的所有数据集，导出为文本文件 temp_data_2010.txt，要求数据之间用空格分隔，每行末尾包含换行符。

（4）读取文本文件 temp_data_2010.txt 并转存到 CSV 文件 temp_data_2010.csv 中。

（5）读取 CSV 文件 temp_data_2010.csv，利用 matplotlib 库，可视化显示 2010 年的各月 TEMP 均值，要求包括图例、图标题，x 轴刻度以月显示且间隔为 1 个月，y 轴显示刻度值，曲线颜色为红色。

【要求】

（1）根据以上数据处理任务，设计并编程实现"数据分析与可视化系统"，要求：

①各个任务选择用菜单实现（菜单可用字符串输出模拟或 Tkinter 形式实现）。

②各个任务名称自己定义，须由独立的函数实现，且每个任务执行成功与否须给出必要的文字提示。

③数据输入和结果输出的文件名须由人工输入，且输出结果都要以文件形式保存。

④为保持程序的健壮性，各个任务执行过程中需要进行必要的判断（如文件是否存在、输入是否合法等）、程序异常控制等。

（2）根据以上统计结果，书写不少于 300 字的结果分析。

题目八　2010～2014 年北京市风力数据分析

【数据说明】

2010～2014 年北京市每小时天气预报数据。

字段说明

（1）No：行序号。

（2）year：行数据记录年份。

（3）month：行数据记录月份。

（4）day：行数据记录日期。

（5）hour：行数据记录时间。

（6）pm2.5：PM2.5 浓度（单位：$\mu g/m^3$）。

（7）DEWP：湿度（单位：℃）。

（8）TEMP：温度（单位：℃）。

（9）PRES：压力（单位：hPa）。

（10）cbwd：风向。

（11）Iws：风力（单位：m/s）。

（12）Is：累计下雪时长。

（13）Ir：累计下雨时长。

【任务】

（1）用 pandas 库读取 PRSA_data_2010.1.1-2014.12.31.csv 文件，查看前 5 行、后 2 行。

（2）删除列 pm2.5、DEWP、TEMP、PRES、Is、Ir，并将剩余列导出到新的 CSV 文件 Iws_data_2010.1.1-2014.12.31.csv。

（3）读取新的数据集 Iws_data_2010.1.1-2014.12.31.csv，缺失值丢弃处理，分别选择字段 cbwd=="NW"、cbwd=="NE"、cbwd=="SE"、cbwd="cv"的所有数据集，分别导出为文本文件 Iws_NW_data_2010.1.1-2014.12.31.txt、Iws_NE_data_2010.1.1-2014.12.31.txt、Iws_SE_data_2010.1.1-2014.12.31.txt、Iws_cv_data_2010.1.1-2014.12.31.txt，要求数据之间用空格分隔，每行末尾包含换行符。

（4）分别读取文本文件 Iws_NW_data_2010.1.1-2014.12.31.txt、Iws_NE_data_2010.1.1-2014.12.31.txt、Iws_SE_data_2010.1.1-2014.12.31.txt、Iws_cv_data_2010.1.1-2014.12.31.txt 并转存到 Excel 文件 Iws_NW_data_2010.1.1-2014.12.31.xlsx、Iws_NE_data_2010.1.1-2014.12.31.xlsx、Iws_SE_data_2010.1.1-2014.12.31.xlsx、Iws_cv_data_2010.1.1-2014.12.31.xlsx 中。

（5）读取 Excel 文件 Iws_NW_data_2010.1.1-2014.12.31.xlsx、Iws_NE_data_2010.1.1-2014.12.31.xlsx、Iws_SE_data_2010.1.1-2014.12.31.xlsx、Iws_cv_data_2010.1.1-2014.12.31.xlsx，利用 matplotlib 库，分 4 幅图分别可视化显示 2010～2014 年的 Iws 大于 8 的各年月均值，要求每幅图均包括图例、图标题、x 轴刻度以年显示，y 轴显示刻度值，曲线颜色分别为红色、绿色、蓝色、黑色。

【要求】

（1）根据以上数据处理任务，设计并编程实现"数据分析与可视化系统"，要求：

①各个任务选择用菜单实现（菜单可用字符串输出模拟或 Tkinter 形式实现）。

②各个任务名称自己定义，须由独立的函数实现，且每个任务执行成功与否须给出必要的文字提示。

③数据输入和结果输出的文件名须由人工输入，且输出结果都要以文件形式保存。

④为保持程序的健壮性，各个任务执行过程中需要进行必要的判断（如文件是否存在、输入是否合法等）、程序异常控制等。

（2）根据以上统计结果，书写不少于 300 字的结果分析。

题目九　2008～2013 年世界各国 PM2.5 数据分析

【数据说明】

2008～2013 年世界各国家和地区的年平均 PM2.5、PM10 数据。

字段说明

（1）Region：地区。

（2）Subregion：次级地区。

（3）County：国家。

（4）City/station：城市、站。

（5）PM10：PM10 年平均浓度（单位：$\mu g/m^3$）。

（6）PM10 Year：PM 10 记录年份。

（7）pm2.5：PM2.5 年平均浓度（单位：$\mu g/m^3$）。

（8）PM 2.5 Year：PM 2.5 记录年份。

【任务】

（1）用 pandas 库读取 world_pm25_pm10.csv 文件，查看前 5 行、后 2 行。

（2）选择 Region、County、City/station、PM 2.5、PM2.5 Year 共 5 列数据，缺失值丢弃处理，并将处理后结果导出到文本文件 world_pm25.txt，要求数据之间用空格分隔，每行末尾包含换行符。

（3）读取文本文件 world_pm25.txt，按照列 PM 2.5 降序排序，并将排序后结果导出为 CSV 文件 world_pm25_descending.csv。

（4）读取新的数据集 world_pm25_descending.csv，利用 category=[0，50，100，150，200]和 labels=['One', 'Two', 'Three', 'Four']将 PM 2.5 进行离散化，并根据离散化结果进行统计，分别画出统计结果的柱状图和饼状图，并分别保存为 world_pm25_bar.png、world_pm25_pie.png，要求分辨率不低于 300 dpi。

【要求】

（1）根据以上数据处理任务，设计并编程实现"数据分析与可视化系统"，要求：

①各个任务选择用菜单实现（菜单可用字符串输出模拟或 Tkinter 形式实现）。

②各个任务名称自己定义，须由独立的函数实现，且每个任务执行成功与否须给出必要的文字提示。

③数据输入和结果输出的文件名须由人工输入，且输出结果都要以文件形式保存。

④为保持程序的健壮性，各个任务执行过程中需要进行必要的判断（如文件是否存在、输入是否合法等）、程序异常控制等。

（2）根据以上统计结果，书写不少于 300 字的结果分析。

题目十　2008～2013 年世界各国 PM10 数据分析

【数据说明】

2008～2013 年世界各国家和地区的年平均 PM2.5、PM10 数据。

字段说明

（1）Region：地区。

（2）Subregion：次级地区。

（3）County：国家。

（4）City/station：城市、站。

（5）PM10：PM10 年平均浓度（单位：$\mu g/m^3$）。

（6）PM10 Year：PM 10 记录年份。

（7）pm2.5：PM2.5 年平均浓度（单位：$\mu g/m^3$）。

（8）PM 2.5 Year：PM 2.5 记录年份。

【任务】

（1）用 pandas 库读取 world_pm25_pm10.csv 文件，查看前 5 行、后 2 行。

（2）选择 Region、County、City/station、PM10、PM10 Year 共 5 列数据，缺失值丢弃处理，并将处理后结果导出到文本文件 world_pm10.txt，要求数据之间用空格分隔，每行末尾包含换行符。

（3）读取文本文件 world_pm10.txt，选择 Region="Wpr"、Year="2012" 3 列的所有行，以 City/station 为横轴，以 PM 10 为纵轴，画柱状图，包括图例、图标题，x 轴刻度以倾斜 45 度显示，y 轴显示刻度值，柱体颜色分别为红色。

（4）读取文本文件 world_pm10.txt，选择 City/station、PM10、PM 10 Year 三列，按照列 PM10 降序排序，并将排序后结果导出为 CSV 文件 world_pm10_city.csv，要求数据之间用空格分隔，每行末尾包含换行符。

（5）读取文件 world_pm10_city.csv，利用 category=[0,50,100,150,200] 和 labels=['One', 'Two', 'Three', 'Four'] 将 PM10 进行离散化，并根据离散化结果画出饼状图，保存为 world_pm10_city _pie.png，要求分辨率不低于 300 dpi。

【要求】

（1）根据以上数据处理任务，设计并编程实现"数据分析与可视化系统"，要求。

①各个任务选择用菜单实现（菜单可用字符串输出模拟或 Tkinter 形式实现）。

②各个任务名称自己定义，须由独立的函数实现，且每个任务执行成功与否须给出必要的文字提示。

③数据输入和结果输出的文件名须由人工输入，且输出结果都要以文件形式保存。

④为保持程序的健壮性，各个任务执行过程中需要进行必要的判断（如文件是否存在、输入是否合法等）、程序异常控制等。

（2）根据以上统计结果，书写不少于 300 字的结果分析。

第 10 章　海洋科学类数据综合分析

题目十一　1870～2018 年 Nino 1+2 区海平面温度异常分析

【背景】

厄尔尼诺是指赤道东太平洋冷水域中海温异常升高现象,其评判标准在国际上还存在一定差别。一般将 Nino 3 区海温距平指数连续 6 个月达到 0.5 ℃以上定义为一次厄尔尼诺事件,美国则将 Nino 3.4 区海温距平的 3 个月滑动平均值达到 0.5 ℃以上定义为一次厄尔尼诺事件。

为更加充分地反映赤道东太平洋的整体状况,目前,中国气象局国家气候中心在业务上主要以 Nino 综合区（Nino 1＋2＋3＋4 区）的海温距平指数作为判定厄尔尼诺事件的依据,指标如下:Nino 综合区海温距平指数持续 6 个月以上不低于 0.5 ℃（过程中间可有单个月份未达指标）为一次厄尔尼诺事件;若该区指数持续 5 个月不低于 0.5 ℃,且 5 个月的指数之和不低于 4.0 ℃,也定义为一次厄尔尼诺事件。

【数据说明】

数据集为 1870～2018 年 Nino 1+2 区（0°S～10°S,80°W～90°W）海平面温度异常滑动平均值,如图 10.1 所示。

Year	January	February	March	April	May	June	July	August	Septembe	October	Novembe	December
1870	-1.5	-0.96	-0.65	-0.32	-0.64	-0.96	-0.98	-1.02	-1.02	-1.53	-1.42	-1.25
1871	-0.74	-0.56	-0.78	-0.59	-0.76	-0.25	-0.34	-0.3	-0.35	-0.15	-0.37	-1.04
1872	-1.18	-1.25	-1.02	-0.7	-0.75	-0.6	-0.7	-0.83	-0.66	-0.87	-0.63	-0.83
1873	-0.88	-1.3	-1.83	-1.01	-1.12	-0.34	-0.29	-0.28	-0.68	-0.97	-0.93	-0.91
1874	-1.1	-1.46	-1.17	-0.94	0.07	-0.52	-0.77	-1.01	-0.73	-0.77	-0.59	-0.8
1875	-0.66	-0.57	-0.81	-0.54	-1.19	-0.71	-1.26	-1.05	-1.1	-1.28	-1.55	-1.53
1876	-1.71	-1.8	-1.52	-1.39	-0.97	-0.68	-0.38	-0.17	0.41	0.77	0.83	0.38
1877	-0.06	0.09	0.18	0.03	-0.1	-0.32	0.77	1.14	1.93	2.1	2.05	2.26
1878	2.23	2.23	1	0.57	0.16	0.36	0.2	-0.04	-0.33	-0.38	-0.83	-0.46

图 10.1　Nino 1＋2 区海平面温度异常滑动平均值

字段说明

（1）Year 列:年份。

（2）January～December 列:对应月份的 Nino 1+2 区海平面温度异常滑动平均值。

【任务】

（1）用 pandas 库读取 nino12.long.anom.data.csv 文件,将所有时间抽取为单独的列 Date

（形式为 YYYY-MM-01），所有异常平均值抽取为一个单独的列 Nino12，将所有缺失值丢弃处理，并导出到新的 txt 文件 nino12_dropnan.txt，第 1 行为表头，列名分别为 Date 和 Nino12，且表头和数据行中的不同字段信息都是用逗号分割：

```
Date,         Nino12
1870-01-01，−1.5
1870-02-01，−0.96
1870-03-01，−0.65
1870-04-01，−0.32
1870-05-01，−0.64
1870-06-01，−0.96
1870-07-01，−0.98
1870-08-01，−1.02
1870-09-01，−1.02
1870-10-01，−1.53
1870-11-01，−1.42
1870-12-01，−1.25
```

（2）读取新的数据集 nino12_dropnan.txt，选择 Nino12 字段，统计最大值 maxValue、最小值 minValue、平均值 meanValue。

（3）重新读取文件 nino12_dropnan.txt，利用第三步统计结果最大值 maxValue、最小值 minValue，利用 category=[minValue，−0.5，0，0.5，maxValue] 和 labels=['LaNinaTemp'，'Cold'，'Warm'，'NinoTemp'] 将 Nino12 进行离散化；并将离散化结果作为一个新的列 Label 添加到原始数据集，并保存为 nino12_dropnan_result.csv，从左到右三个列名分别为 Date、Nino12、Label；根据离散化结果画出饼状图，保存为 nino12_pie.png，要求分辨率不低于 300 dpi。

（4）读取文件 nino12_dropnan_result.csv，根据列 Lable 判断，假设若连续出现 5 次 'LaNinaTemp'，则判定为出现了一次 LaNina 事件，选择 LaNina 事件出现的开始时间存储到列表 LaNinaList 中；假设若连续出现 5 次 NinoTemp，则认为出现了 Nino 事件，选择 Nino 事件出现的开始时间存储到列表 NinoList 中。最后，将列表 LaNinaList、NinoList 分别保存到文本文件 LaNinaStartDate.txt、NinoStartDate.txt 中。

```
# 参考案例：计算一个列表中连续相同的元素个数,并返回连续出现 4 次及以上的
1 所在的开始位置。
import itertools
mylist=[1,1,0,1,1,1,0,0,0,0,1,1,1,1,0,1,0,11,0]
num_times=[(k,len(list(v)))for k,v in itertools.groupby(mylist)]
print(num_times)
sumIndexList=[]#存储符合要求的元素首次出现的位置
for i in range(len(num_times)):
```

```
    if num_times[i][0]==1 and num_times[i][1] >=4:
        sumIndex=0
        while i >=1:
            sumIndex+=num_times[i-1][1]
            i=i-1
        sumIndexList.append(sumIndex)
print("符合要求的元素首次出现的位置列表为:",sumIndexList)结果:

输出结果:
[(1,2),(0,1),(1,3),(0,4),(1,4),(0,1),(1,1),(0,1),(11,1),(0,
1)]
符合要求的元素首次出现的位置列表为:[10]
```

【要求】

（1）根据以上数据处理任务，设计并编程实现"数据分析与可视化系统"，要求。

①各个任务选择用菜单实现（菜单可用字符串输出模拟或 Tkinter 形式实现）。

②各个任务名称自己定义，须由独立的函数实现，且每个任务执行成功与否须给出必要的文字提示。

③数据输入和结果输出的文件名须由人工输入，且输出结果都要以文件形式保存。

④为保持程序的健壮性，各个任务执行过程中需要进行必要的判断（如文件是否存在、输入是否合法等）、程序异常控制等。

（2）根据以上统计结果，书写不少于 300 字的结果分析。

题目十二　1870～2018 年 Nino 3 区海平面温度异常分析

【背景】

厄尔尼诺是指赤道东太平洋冷水域中海温异常升高现象,其评判标准在国际上还存在一定差别。一般将 Nino 3 区海温距平指数连续 6 个月达到 0.5℃以上定义为一次厄尔尼诺事件,美国则将 Nino 3.4 区海温距平的 3 个月滑动平均值达到 0.5℃以上定义为一次厄尔尼诺事件。

为更加充分地反映赤道东太平洋的整体状况,目前,中国气象局国家气候中心在业务上主要以 Nino 综合区（Nino 1＋2＋3＋4 区）的海温距平指数作为判定厄尔尼诺事件的依据,指标如下: Nino 综合区海温距平指数持续 6 个月以上不低于 0.5℃（过程中间可有单个月份未达指标）为一次厄尔尼诺事件;若该区指数持续 5 个月不低于 0.5℃,且 5 个月的指数之和不低于 4.0℃,也定义为一次厄尔尼诺事件。

【数据说明】

数据集为 1870～2018 年 Nino 3 区（5°N～5°S，150°W～90°W）海平面温度异常滑动平均值，如图 10.2 所示。

Year	January	February	March	April	May	June	July	August	September	October	November	December
1870	-1.35	-1.2	-0.76	-0.78	-1.15	-0.99	-1.01	-0.89	-0.81	-1.25	-1.03	-0.95
1871	-0.25	-0.52	-0.46	-0.57	-0.84	-0.52	-0.51	-0.34	-0.31	-0.37	-0.32	-0.63
1872	-0.76	-0.74	-0.65	-0.86	-0.8	-0.61	-0.4	-0.83	-0.93	-1.12	-0.97	-1.01
1873	-0.95	-1.18	-1.51	-0.85	-0.82	-0.39	-0.46	-0.35	-0.47	-0.95	-1.03	-1.1
1874	-1.33	-1.4	-1.48	-1.07	-0.83	-0.78	-1.11	-1.24	-1.14	-1.23	-1.24	-1.12
1875	-0.77	-0.49	-0.66	-0.79	-1.04	-0.65	-0.86	-0.76	-0.82	-0.91	-0.91	-1.02
1876	-1.25	-1.45	-1.41	-1.49	-1.44	-0.64	-0.42	-0.23	-0.02	0.24	0.25	0.29
1877	0.21	0.22	0.22	0.13	0.37	0.51	1.37	1.58	2.08	2.14	2.29	2.56
1878	2.57	2.49	1.17	0.84	0.66	0.73	0.27	-0.1	-0.41	-0.59	-0.92	-0.8
1879	-0.56	-0.26	-0.39	-0.56	-1	-0.56	-0.62	-0.57	-0.71	-0.86	-1.02	-0.99
1880	-1.01	-0.62	-0.68	-0.6	-0.7	-0.65	-0.45	-0.09	0.26	0.34	0.37	0.06
1881	0.11	-0.05	0.03	0.07	-0.1	0.06	-0.24	-0.32	-0.4	-0.43	-0.6	-0.49

图 10.2　Nino 3 区海平面温度异常滑动平均值

字段说明

（1）Year 列：年份。

（2）列 January～December：对应月份的 Nino 3 区海平面温度异常滑动平均值。

【任务】

（1）用 pandas 库读取 nino3.long.anom.data.csv 文件，将所有时间抽取为单独的列 Date（形式为 YYYY-MM-01），所有异常平均值抽取为一个单独的列 Nino 3，将所有缺失值丢弃处理，并导出到新的 txt 文件 nino3_dropnan.txt，第 1 行为表头，列名分别为 Date 和 Nino 3，且表头和数据行中的不同字段信息都是用逗号分割：

Date，　　　　Nino 3

1870-01-01，−1.35

1870-02-01，−1.2

1870-03-01，−0.76

1870-04-01，−0.78

1870-05-01，−1.15

1870-06-01，−0.99

1870-07-01，−1.01

1870-08-01，−0.89

1870-09-01，−0.81

1870-10-01，−1.25

1870-11-01，−1.03

1870-12-01，−0.95

（2）读取新的数据集 nino3_dropnan.txt，选择 Nino 3 字段，统计最大值 maxValue、最小值 minValue、平均值 meanValue。

（3）重新读取文件 nino3_dropnan.txt，利用第三步统计结果最大值 maxValue、最小值 minValue，利用 category=[minValue，–0.5，0，0.5，maxValue] 和 labels=['LaNinaTemp', 'Cold', 'Warm', 'NinoTemp'] 将 Nino3 进行离散化；并将离散化结果作为一个新的列 Label 添加到原始数据集，并保存为 nino3_dropnan_result.csv，从左到右三个列名分别为 Date、Nino3、Label；根据离散化结果画出饼状图，保存为 nino3_ pie.png，要求分辨率不低于 300 dpi。

（4）读取文件 nino3_dropnan_result.csv，根据列 Lable 判断，若连续出现 6 次 'LaNinaTemp'，则判定为出现了一次 LaNina 事件，选择 LaNina 事件出现的开始时间存储到列表 LaNinaList 中；若连续出现 6 次 NinoTemp，则认为出现了 Nino 事件，选择 Nino 事件出现的开始时间存储到列表 NinoList 中。最后，将列表 LaNinaList、NinoList 分别保存到文本文件 LaNinaStartDate.txt、NinoStartDate.txt 中。

```
# 参考案例：计算一个列表中连续相同的元素个数,并返回连续出现 4 次及以上的
1 所在的开始位置。
import itertools
mylist=[1,1,0,1,1,1,0,0,0,0,1,1,1,1,0,1,0,11,0]
num_times=[(k,len(list(v)))for k,v in itertools.groupby\
(mylist)]
print(num_times)
sumIndexList=[]#存储符合要求的元素首次出现的位置
for i in range(len(num_times)):
    if num_times[i][0]==1 and num_times[i][1] >=4:
        sumIndex=0
        while i >=1:
            sumIndex+=num_times[i-1][1]
            i=i-1
        sumIndexList.append(sumIndex)
print("符合要求的元素首次出现的位置列表为:",sumIndexList)结果:

输出结果:
[(1,2),(0,1),(1,3),(0,4),(1,4),(0,1),(1,1),(0,1),(11,1),(0,\
1)]
符合要求的元素首次出现的位置列表为:[10]
```

【要求】

（1）根据以上数据处理任务，设计并编程实现"数据分析与可视化系统"，要求：

①各个任务选择用菜单实现（菜单可用字符串输出模拟或 Tkinter 形式实现）。

②各个任务名称自己定义，须由独立的函数实现，且每个任务执行成功与否须给出必要的文字提示。

③数据输入和结果输出的文件名须由人工输入，且输出结果都要以文件形式保存。

④为保持程序的健壮性，各个任务执行过程中需要进行必要的判断（如文件是否存在、输入是否合法等）、程序异常控制等。

（2）根据以上统计结果，书写不少于 300 字的结果分析。

题目十三　1870～2018 年 Nino 4 区海平面温度异常分析

【背景】

厄尔尼诺是指赤道东太平洋冷水域中海温异常升高现象，其评判标准在国际上还存在一定差别。一般将 Nino 3 区海温距平指数连续 6 个月达到 0.5℃以上定义为一次厄尔尼诺事件，美国则将 Nino 3.4 区海温距平的 3 个月滑动平均值达到 0.5℃以上定义为一次厄尔尼诺事件。

为更加充分地反映赤道中、东太平洋的整体状况，目前，中国气象局国家气候中心在业务上主要以 Nino 综合区（Nino 1＋2＋3＋4 区）的海温距平指数作为判定厄尔尼诺事件的依据，指标如下：Nino 综合区海温距平指数持续 6 个月以上不低于 0.5℃（过程中间可有单个月份未达指标）为一次厄尔尼诺事件；若该区指数持续 5 个月不低于 0.5℃，且 5 个月的指数之和不低于 4.0℃，也定义为一次厄尔尼诺事件。

【数据说明】

数据集为 1870～2018 年 Nino 4 区（5°N～5°S，160°E～150°W）海平面温度异常滑动平均值，如图 10.3 所示。

Year	January	February	March	April	May	June	July	August	September	October	November	December
1870	-0.48	-1.16	-1.01	-1	-1.08	-1.11	-0.98	-0.86	-0.44	-0.51	-0.62	-0.67
1871	-0.55	-0.41	-0.44	-0.4	-0.7	-0.71	-0.87	-0.55	-0.45	-0.43	-0.52	-0.72
1872	-0.76	-0.51	-0.39	-0.68	-0.61	-0.79	-0.75	-1.13	-1.15	-0.9	-0.74	-0.83
1873	-0.77	-0.86	-1.09	-0.72	-0.54	-0.76	-0.71	-0.62	-0.62	-0.79	-0.7	-0.47
1874	-0.61	-0.68	-0.97	-0.64	-0.61	-0.66	-0.83	-0.88	-1.21	-1.27	-1.22	-0.95
1875	-0.65	-0.41	-0.68	-0.99	-1.1	-1.04	-1.18	-1.13	-1.19	-0.93	-0.66	-0.83
1876	-1.01	-0.95	-0.76	-0.87	-0.71	-0.59	-0.66	-0.47	-0.39	-0.27	-0.22	-0.11
1877	-0.1	0.47	0.25	0.14	0.22	0.47	0.53	0.55	0.6	0.8	0.91	1.16
1878	1.05	1.18	0.71	0.51	0.37	0.65	-0.03	-0.3	-0.5	-0.61	-0.48	-0.45
1879	-0.27	-0.09	-0.09	-0.32	-0.69	-1	-1.03	-0.86	-0.84	-1	-1.15	-0.84

图 10.3　Nino 4 区海平面温度异常滑动值

字段说明

（1）Year 列：年份。

（2）列 January～December：对应月份的 Nino 4 区海平面温度异常滑动平均值。

【任务】

（1）用 pandas 库读取 nino4.long.anom.data 文件，将所有时间抽取为单独的列 Date（形

式为 YYYY-MM-01），所有异常平均值抽取为一个单独的列 Nino4，将所有缺失值丢弃处理，并导出到新的 txt 文件 nino4_dropnan.txt，第 1 行为表头，列名分别为 Date 和 Nino4，且表头和数据行中的不同字段信息都是用逗号分割：

```
Date,          Nino4
1870-01-01，−0.48
1870-02-01，−1.16
1870-03-01，−1.01
1870-04-01，−1
1870-05-01，−1.08
1870-06-01，−1.11
1870-07-01，−0.98
1870-08-01，−0.86
1870-09-01，−0.44
1870-10-01，−0.51
1870-11-01，−0.62
1870-12-01，−0.67
```

（2）读取新的数据集 nino4_dropnan.txt，选择 Nino 4 字段，统计最大值 maxValue、最小值 minValue、平均值 meanValue。

（3）重新读取文件 nino4_dropnan.txt，利用第三步统计结果最大值 maxValue、最小值 minValue，利用 category=[minValue, −0.5, 0, 0.5, maxValue]和 labels=['LaNinaTemp', 'Cold', 'Warm', 'NinoTemp']将 Nino4 进行离散化；并将离散化结果作为一个新的列 Label 添加到原始数据集，并保存为 nino4_dropnan_result.csv，从左到右三个列名分别为 Date、Nino 4、Label；根据离散化结果画出饼状图，保存为 nino4_pie.png，要求分辨率不低于 300 dpi。

（4）读取文件 nino4_dropnan_result.csv，根据列 Lable 判断，假设若连续出现 5 次 'LaNinaTemp'，则判定为出现了一次 LaNina 事件，选择 LaNina 事件出现的开始时间存储到列表 LaNinaList 中；假设若连续出现 5 次 NinoTemp，则认为出现了 Nino 事件，选择 Nino 事件出现的开始时间存储到列表 NinoList 中。最后，将列表 LaNinaList、NinoList 分别保存到文本文件 LaNinaStartDate.txt、NinoStartDate.txt 中。

```
# 参考案例：计算一个列表中连续相同的元素个数，并返回连续出现 4 次及以上的
1 所在的开始位置。
import itertools
mylist=[1,1,0,1,1,1,0,0,0,0,1,1,1,1,0,1,0,11,0]
num_times=[(k,len(list(v)))for k,v in itertools.groupby\
(mylist)]
print(num_times)
sumIndexList=[]#存储符合要求的元素首次出现的位置
```

```
for i in range(len(num_times)):
    if num_times[i][0]==1 and num_times[i][1] >=4:
        sumIndex=0
        while i >=1:
            sumIndex+=num_times[i-1][1]
            i=i-1
        sumIndexList.append(sumIndex)
print("符合要求的元素首次出现的位置列表为: ",sumIndexList)结果:

输出结果:
[(1,2),(0,1),(1,3),(0,4),(1,4),(0,1),(1,1),(0,1),(11,1),(0,\
1)]
符合要求的元素首次出现的位置列表为:[10]
```

【要求】

（1）根据以上数据处理任务，设计并编程实现"数据分析与可视化系统"，要求：

①各个任务选择用菜单实现（菜单可用字符串输出模拟或 Tkinter 形式实现）。

②各个任务名称自己定义，须由独立的函数实现，且每个任务执行成功与否须给出必要的文字提示。

③数据输入和结果输出的文件名须由人工输入，且输出结果都要以文件形式保存。

④为保持程序的健壮性，各个任务执行过程中需要进行必要的判断（如文件是否存在、输入是否合法等）、程序异常控制等。

（2）根据以上统计结果，书写不少于 300 字的结果分析。

题目十四　1870～2018 年 Nino 3.4 区海平面温度异常分析

【背景】

厄尔尼诺是指赤道东太平洋冷水域中海温异常升高现象，其评判标准在国际上还存在一定差别。一般将 Nino 3 区海温距平指数连续 6 个月达到 0.5℃以上定义为一次厄尔尼诺事件，美国则将 Nino 3.4 区海温距平的 3 个月滑动平均值达到 0.5℃以上定义为一次厄尔尼诺事件。

为更加充分地反映赤道中、东太平洋的整体状况，目前，中国气象局国家气候中心在业务上主要以 Nino 综合区（Nino 1＋2＋3＋4 区）的海温距平指数作为判定厄尔尼诺事件的依据，指标如下：Nino 综合区海温距平指数持续 6 个月以上不低于 0.5 ℃（过程中间可有单个月份未达指标）为一次厄尔尼诺事件；若该区指数持续 5 个月不低于 0.5 ℃，且 5 个月的指数之和不低于 4.0 ℃，也定义为一次厄尔尼诺事件。

【数据说明】

数据集为 1870～2018 年 Nino 3.4 区（5°N～5°S，120°W～170°W）海平面温度异常滑动平均值，如图 10.4 所示。

Year	January	February	March	April	May	June	July	August	September	October	November	December
1870	-1	-1.2	-0.83	-0.81	-1.27	-1.08	-1.04	-0.88	-0.53	-0.92	-0.79	-0.79
1871	-0.25	-0.58	-0.43	-0.5	-0.7	-0.53	-0.6	-0.33	-0.24	-0.33	-0.31	-0.58
1872	-0.72	-0.62	-0.5	-0.77	-0.62	-0.52	-0.32	-0.85	-1.02	-0.94	-0.79	-0.88
1873	-0.78	-1.01	-1.31	-0.67	-0.53	-0.48	-0.58	-0.39	-0.34	-0.78	-0.77	-0.7
1874	-0.93	-1.06	-1.4	-0.94	-0.86	-0.72	-1	-1.05	-1.13	-1.25	-1.33	-1.14
1875	-0.71	-0.37	-0.59	-0.87	-1.09	-0.76	-0.85	-0.81	-0.91	-0.83	-0.64	-0.75
1876	-0.95	-1.2	-1.13	-1.18	-1.08	-0.43	-0.34	-0.16	-0.02	0.11	0.15	0.23
1877	0.35	0.46	0.52	0.5	0.76	0.98	1.42	1.54	1.75	1.95	2.08	2.49
1878	2.41	2.43	1.31	0.92	0.82	0.92	0.25	-0.11	-0.32	-0.53	-0.7	-0.75
1879	-0.55	-0.18	-0.24	-0.37	-0.83	-0.67	-0.77	-0.69	-0.83	-0.93	-1.14	-1.02
1880	-1	-0.73	-0.62	-0.57	-0.71	-0.61	-0.53	-0.24	-0.03	0.17	0.24	0.18

图 10.4　Nino 3.4 区海平面温度异常滑动平均值

字段说明

（1）Year 列：年份。

（2）列 January～December：对应月份的 Nino 3.4 区海平面温度异常滑动平均值。

【任务】

（1）用 pandas 库读取 nino34.long.anom.data.csv 文件，将所有时间抽取为单独的列 Date（形式为 YYYY-MM-01），所有异常平均值抽取为一个单独的列 Nino34，将所有缺失值丢弃处理，并导出到新的 txt 文件 nino34_dropnan.txt，第 1 行为表头，列名分别为 Date 和 Nino34，且表头和数据行中的不同字段信息都是用逗号分割：

Date，　　　　Nino34

1870-01-01，−1

1870-02-01，−1.2

1870-03-01，−0.83

1870-04-01，−0.81

1870-05-01，−1.27

1870-06-01，−1.08

1870-07-01，−1.04

1870-08-01，−0.88

1870-09-01，−0.53

1870-10-01，−0.92

1870-11-01，−0.79

1870-12-01，−0.79

（2）读取新的数据集 nino34_dropnan.txt，选择 Nino34 字段，统计最大值 maxValue、最小值 minValue、平均值 meanValue。

（3）重新读取文件 nino34_dropnan.txt，利用第三步统计结果最大值 maxValue、最小值 minValue，利用 category=[minValue，-0.5，0，0.5，maxValue] 和 labels=['LaNinaTemp'，'Cold'，'Warm'，'NinoTemp'] 将 Nino4 进行离散化；并将离散化结果作为一个新的列 Label 添加到原始数据集，并保存为 nino4_dropnan_result.csv，从左到右三个列名分别为 Date、Nino 34、Label；根据离散化结果画出饼状图，保存为 nino34_pie.png，要求分辨率不低于 300 dpi。

（4）读取文件 nino34_dropnan_result.csv，根据列 Lable 判断，若连续出现 5 次 'LaNinaTemp'，则判定为出现了一次 LaNina 事件，选择 LaNina 事件出现的开始时间存储到列表 LaNinaList 中；若连续出现 5 次 NinoTemp，则认为出现了 Nino 事件，选择 Nino 事件出现的开始时间存储到列表 NinoList 中。最后，将列表 LaNinaList、NinoList 分别保存到文本文件 LaNinaStartDate.txt、NinoStartDate.txt 中。

```
# 参考案例：计算一个列表中连续相同的元素个数，并返回连续出现 4 次及以上的
1 所在的开始位置。
import itertools
mylist=[1,1,0,1,1,1,0,0,0,0,1,1,1,1,0,1,0,11,0]
num_times=[(k,len(list(v)))for k,v in itertools.groupby\
(mylist)]
print(num_times)
sumIndexList=[]#存储符合要求的元素首次出现的位置
for i in range(len(num_times)):
    if num_times[i][0]==1 and num_times[i][1] >=4:
        sumIndex=0
        while i >=1:
            sumIndex+=num_times[i-1][1]
            i=i-1
        sumIndexList.append(sumIndex)
print("符合要求的元素首次出现的位置列表为:",sumIndexList)结果:

输出结果：
[(1,2),(0,1),(1,3),(0,4),(1,4),(0,1),(1,1),(0,1),(11,1),(0,\
1)]
符合要求的元素首次出现的位置列表为:[10]
```

【要求】

（1）根据以上数据处理任务，设计并编程实现"数据分析与可视化系统"，要求：

①各个任务选择用菜单实现（菜单可用字符串输出模拟或 Tkinter 形式实现）。

②各个任务名称自己定义，须由独立的函数实现，且每个任务执行成功与否须给出必要的文字提示。

③数据输入和结果输出的文件名须由人工输入，且输出结果都要以文件形式保存。

④为保持程序的健壮性，各个任务执行过程中需要进行必要的判断（如文件是否存在、输入是否合法等）、程序异常控制等。

（2）根据以上统计结果，书写不少于 300 字的结果分析。

题目十五　　1866～2018 年南方涛动指数 SOI 数据分析

【背景】

太平洋与印度洋间存在的一种大尺度的气压升降振荡。当太平洋上气压变高（低）时，印度洋上从非洲到澳大利亚气压变低（高），即两地气压的距平有反向的变化。这种"跷跷板"现象大约 3～7 年重现。南方涛动实际上反映了具有行星尺度的热带大气系统在季节时间尺度上的振荡，这种振荡正是对赤道太平洋冷海温、暖海温时期交替变化所造成的下垫面海温场的热力强迫的响应。

南方涛动指数 SOI 大于 0，即强指数时期，反映热带西太平洋和东印度洋的低气压与东南太平洋的高气压都比较强；东西方向上气压梯度大，南太平洋上有较强的东南信风和赤道东风；SOI 大于 0 与赤道东太平洋冷水事件及 La Nina 具有很强的相关性。

南方涛动指数 SOI 小于 0，即弱指数时期，反映热带西太平洋和东印度洋的低气压与东南太平洋的高气压都比较弱。东西方向上气压梯度弱，南太平洋东南信风减弱，赤道东风也减弱，甚至会出现西风。SOI 小于 0 与赤道东太平洋暖水事件及 El Nino 具有很强的相关性。

【数据说明】

数据集为 1866～2018 年南方涛动指数 SOI 数据，如图 10.5 所示。

Year	January	February	March	April	May	June	July	August	September	October	November	December
1866	-0.62	-0.12	-0.62	-0.65	0.04	-0.82	-0.34	0.36	-0.18	0.07	1.1	-0.16
1867	0.09	-0.01	-0.09	0.83	0.5	-0.48	0.44	0.34	0.12	-0.56	-0.65	-0.89
1868	-0.16	-0.34	-1.56	0.3	-1.34	-2.2	-0.4	-1.41	-1.23	-1.24	-1.49	0.52
1869	-1.9	-0.26	-0.59	2.12	1.4	1.53	1.42	0.94	0.12	0.85	0.56	0.42
1870	1.06	0.18	-0.75	0.47	-0.11	-1.1	0.17	0.98	0	-0.58	-0.86	-1.29
1871	-1.13	-0.13	-2	-0.46	-0.47	0.24	0.31	0.38	0.58	-0.14	-0.02	0.97
1872	2.69	1.12	1.69	-0.54	1.35	2.45	2.3	0.99	3.14	1.9	3.09	2.8
1873	2.47	1.12	1.63	2.29	1.19	-3.09	-1.14	-0.59	-2.13	-1.78	-0.36	1.33
1874	0.9	-0.28	-0.52	0.98	1.29	-1.92	-0.14	0.75	2.03	2.19	0.53	1.28
1875	0.65	-0.11	-1	1.4	0.75	2.57	-0.49	-0.21	0.83	0.93	-1.54	-0.54
1876	1.16	0.98	-0.1	0.94	0.75	1.98	-0.51	1.08	0.98	-1	-0.46	-0.45

图 10.5　南方涛动指数 SOI 数据

字段说明

（1）Year 列：年份。

（2）列 January～December：对应月份的 SOI 值。

【任务】

（1）用 pandas 库读取 soi.long.data.csv 文件，将所有时间抽取为单独的列 Date（形式为 YYYY-MM-01），所有异常平均值抽取为一个单独的列 SOI，将所有缺失值丢弃处理，并导出到新的 txt 文件 soi_dropnan.txt，第 1 行为表头，列名分别为 Date 和 SOI，且表头和数据行中的不同字段信息都是用逗号分割：

Date,	SOI
1866-01-01，	−0.62
1866-02-01，	−0.12
1866-03-01，	−0.62
1866-04-01，	−0.65
1866-05-01，	−0.04
1866-06-01，	−0.82
1866-07-01，	−0.34
1866-08-01，	−0.36
1866-09-01，	−0.18
1866-10-01，	−0.07
1866-11-01，	−1.1
1866-12-01，	−0.16

（2）读取新的数据集 soi_dropnan.txt，选择 SOI 字段，统计最大值、最小值、平均值。

（3）重新读取文件 soi_dropnan.txt，利用第三步统计结果最大值 maxValue、最小值 minValue，利用 category=[minValue, 0, maxValue] 和 labels=['NinoRelate', 'LaNinaRelate',] 将 SOI 进行离散化；并将离散化结果作为一个新的列 Label 添加到原始数据集，并保存为 soi_dropnan_result.csv，从左到右三个列名分别为 Date、SOI、Label；根据离散化结果画出饼状图，保存为 soi_pie.png，要求分辨率不低于 300dpi。

（4）读取文件 soi_dropnan_result.csv，利用 matplotlib 库，可视化显示 SOI 值，要求包括图例、图标题，x 轴刻度以年显示且间隔为 10，y 轴显示刻度值，曲线颜色为蓝色。

【要求】

（1）根据以上数据处理任务，设计并编程实现"数据分析与可视化系统"，要求：

①各个任务选择用菜单实现（菜单可用字符串输出模拟或 Tkinter 形式实现）。

②各个任务名称自己定义，须由独立的函数实现，且每个任务执行成功与否须给出必要的文字提示。

③数据输入和结果输出的文件名须由人工输入，且输出结果都要以文件形式保存。

④为保持程序的健壮性，各个任务执行过程中需要进行必要的判断（如文件是否存在、输入是否合法等）、程序异常控制等。

（2）根据以上统计结果，书写不少于 300 字的结果分析。

题目十六　1824～2018 年北大西洋涛动指数 NAO 数据分析

【背景】

北大西洋涛动北纬 55°地区之间的地面大气压力的周期性变化。位于美国阿拉斯加州南部、苏格兰的格拉斯哥和俄罗斯的莫斯科。当北极的气压为低值时,北极涛动指数为正。

北极涛动指数为正时,高压区向南扩展,风暴路径北移,穿过斯堪的纳维亚和美国的阿拉斯加州,地中海地区和美国加利福尼亚州天气干燥,而欧洲和亚洲天气温暖。

当北极涛动指数为负时,中纬度地区的气压相对较低,地中海地区和美国加利福尼亚州天气变得潮湿,出现更多风暴和龙卷风,而欧洲和亚洲的内陆地区比较寒冷。

一些气候学家认为北大西洋涛动/北半球环行模(NAO/NAM)是影响范围更为广泛的北极涛动(AO)的一部分。据此,这种现象有时被总称为北极涛动/北大西洋涛动(AO/NAO)。

【数据说明】

数据集为 1824～2018 年北大西洋涛动指数 NAO 数据,如图 10.6 所示。

Year	January	February	March	April	May	June	July	August	September	October	November	December
1824	-0.16	0.25	-1.44	1.46	1.34	-3.94	-2.75	-0.08	0.19	-99.99	-0.7	-0.01
1825	-0.23	0.21	0.33	-0.28	0.13	0.41	-0.92	1.43	-0.95	1.98	1.06	-1.31
1826	-3.05	4.87	-0.97	1.78	-1.2	0.83	1.89	2.72	-0.76	0.18	-2.41	-0.59
1827	-0.45	-3.72	1.83	-0.83	1.2	-0.07	2.02	-3.56	-0.07	-3.02	-1.42	2.7
1828	1.27	0.37	-0.18	0.04	-1.59	-1.33	-4.4	-2.54	-2.78	0.1	-2.57	3.04
1829	-2.48	0.32	-2.54	0.12	1.8	-0.1	0.33	0.77	0.78	0.71	-0.33	-0.43
1830	-2.33	1.2	3.58	3.08	-0.05	-0.85	3.19	-0.35	2.04	2.04	2.19	-3.13
1831	-2.91	1.4	1.48	-3.15	-2.47	-1.36	2.71	-3.04	-1.53	0.85	0.26	0.36
1832	-0.04	0.83	2.12	-1.51	-1.96	-3.62	-2.57	0.92	1.45	2.25	0.62	3.32
1833	-0.36	2.52	-2.89	2.02	0.69	-1.52	0.13	-1.74	-0.93	-1.75	1.4	4.17
1834	3.07	2.66	1.37	-2.38	-1.03	0.27	-0.73	-0.86	-0.62	0.3	-2.28	0.11
1835	0.37	3.37	1.54	-1.02	0.58	0.1	0.57	2.35	0.29	-0.3	-1.31	-1.46
1836	1.47	0.06	2.28	0.87	-1.5	2.95	4.33	2.8	-1.59	-1.17	2.04	-1.41

图 10.6　北大西洋涛动指数 NAO 数据

字段说明

(1) Year 列:年份
(2) 列 January～December:对应月份的 NAO 值。

【任务】

(1) 用 pandas 库读取 nao.long.data.csv 文件,将所有时间抽取为单独的列 Date(形式为 YYYY-MM-01),所有异常平均值抽取为一个单独的列 SOI,将所有缺失值丢弃处理,异常值−99.99 全部替换为−1,并导出到新的 txt 文件 nao_dropnan.txt,第一行为表头,列名分别为 Date 和 NAO,且表头和数据行中的不同字段信息都是用逗号分割:

Date,	NAO
1824-01-01,	−0.16
1824-02-01,	−0.25
1824-03-01,	−1.44
1824-04-01,	−1.46
1824-05-01,	−1.34
1824-06-01,	−3.94
1824-07-01,	−2.75
1824-08-01,	−0.08
1824-09-01,	0.19
1824-10-01,	−1.0
1824-11-01,	−0.7
1824-12-01,	−0.01

（2）读取新的数据集 nao_dropnan.txt，选择 NAO 字段，统计最大值、最小值、平均值。

（3）重新读取文件 nao_dropnan.txt，利用第三步统计结果最大值 maxValue、最小值 minValue，利用 category=[minValue，0，maxValue]和 labels=['ColdRelate'，'WarmRelate'，] 将 NAO 进行离散化；并将离散化结果作为一个新的列 Label 添加到原始数据集，并保存 为 nao_dropnan_result.csv，从左到右三个列名分别为 Date、NAO、Label；根据离散化结 果画出饼状图，保存为 nao_pie.png，要求分辨率不低于 300dpi。

（4）读取文件 nao_dropnan_result.csv，利用 matplotlib 库，可视化显示 NAO 值，要求 包括图例、图标题，x 轴刻度以年显示且间隔为 10，y 轴显示刻度值，曲线颜色为蓝色。

【要求】

（1）根据以上数据处理任务，设计并编程实现"数据分析与可视化系统"，要求：

①各个任务选择用菜单实现（菜单可用字符串输出模拟或 Tkinter 形式实现）。

②各个任务名称自己定义，须由独立的函数实现，且每个任务执行成功与否须给出必 要的文字提示。

③数据输入和结果输出的文件名须由人工输入，且输出结果都要以文件形式保存。

④为保持程序的健壮性，各个任务执行过程中需要进行必要的判断（如文件是否存在、 输入是否合法等）、程序异常控制等。

（2）根据以上统计结果，书写不少于 300 字的结果分析。

第 11 章　经济类数据综合分析

题目十七　2000～2010 年英语电影预算与受欢迎程度数据分析

【数据说明】

数据集 tmdb_5000_movies.csv 包含 20 个字段、4803 行，每一行代表的是一个电影，具体信息如表 11.1 所示。

表 11.1　电影数据集

序号	字段名	数据类型	字段描述
1	Budget	Numeric	预算
2	Genres	String	流派
3	Homepage	String	主页
4	Id	Numeric	电影编号
5	Keywords	String	关键词
6	original_language	String	初始语言
7	original_title	String	初始标题
8	overview	String	概述
9	popularity	Numeric	受欢迎程度
10	production_companies	Numeric	发行公司
11	production_countries	String	发行国家
12	release_date	Date	发行日期
13	revenue	Numeric	收入
14	Runtime	Numeric	上映时间
15	spoken_languages	String	语言
16	Status	String	状态
17	Tagline	String	标语
18	Title	String	标题
19	vote_average	Numeric	平均评分
20	vote_count	Numeric	评分人数

【任务】

（1）用 pandas 库读取 tmdb_5000_movies.csv 文件，查看前 3 行、后 2 行。

（2）选择列 Budget、Id、original_language、release_date、popularity、title，用 pandas 数据预处理模块将缺失值丢弃处理，并导出到新的 csv 文件 tmdb_5000_movies_ budgt_popularity.csv。

（3）利用 pandas 库重新读取新的数据集 tmdb_5000_movies_budgt_popularity.csv，并选择字段 original_language=="en"的所有数据集，导出为文本文件 tmdb_5000_movies_budgt_popularity_en.txt，要求数据之间用逗号分隔，每行末尾包含换行符。

（4）读取文本文件 tmdb_5000_movies_budgt_popularity_en.txt 并转存到 Excel 文件 tmdb_5000_movies_budgt_popularity_en.xlsx 中。

（5）重新读取文本文件读取文本文件 tmdb_5000_movies_budgt_popularity_en.txt，首先按照电影 title 升序排序，分别可视化显示 2000~2010 年发行电影的 Budget、popularity 的值，要求每幅图均包括图例、图标题、x 轴刻度值为电影 title 且斜 45°显示（为了显示美观，可以将电影 title 每隔若干个抽样显示），每幅图曲线颜色分别为红色、绿色；每幅图分别保存为 png 图片保存，分辨率为 400 dpi，png 图片命名分别为 movies_en_budget_2000_2010.png、movies_en_popularity_2000_2010.png。

【要求】

（1）根据以上数据处理任务，设计并编程实现"数据分析与可视化系统"，要求：

①各个任务选择用菜单实现（菜单可用字符串输出模拟或 Tkinter 形式实现）。

②各个任务名称自己定义，须由独立的函数实现，且每个任务执行成功与否须给出必要的文字提示。

③数据输入和结果输出的文件名须由人工输入，且输出结果都要以文件形式保存。

④为保持程序的健壮性，各个任务执行过程中需要进行必要的判断（如文件是否存在、输入是否合法等）、程序异常控制等。

（2）根据以上统计结果，书写不少于 300 字的结果分析。

题目十八 2000~2015 年电影评分数据分析

【数据说明】

数据集 tmdb_5000_movies.csv 包含 20 个字段、4803 行，每一行代表的是一个电影，具体信息如表 11.2 所示。

表 11.2 电影评分数据

序号	字段名	数据类型	字段描述
1	Budget	Numeric	预算
2	Genres	String	流派
3	Homepage	String	主页
4	Id	Numeric	电影编号

序号	字段名	数据类型	字段描述
5	Keywords	String	关键词
6	original_language	String	初始语言
7	original_title	String	初始标题
8	overview	String	概述
9	popularity	Numeric	受欢迎程度
10	production_companies	Numeric	发行公司
11	production_countries	String	发行国家
12	release_date	Date	发行日期
13	revenue	Numeric	收入
14	Runtime	Numeric	上映时间
15	spoken_languages	String	语言
16	Status	String	状态
17	Tagline	String	标语
18	Title	String	标题
19	vote_average	Numeric	平均评分
20	vote_count	Numeric	评分人数

【任务】

（1）用 pandas 库读取 tmdb_5000_movies.csv 文件，查看前 3 行、后 2 行。

（2）选择列 Id、release_date、title、vote_average、vote_count，用 pandas 数据预处理模块将缺失值丢弃处理，并导出到新的 csv 文件 tmdb_5000_movies_vote.csv。

（3）利用 pandas 库重新读取新的数据集 tmdb_5000_movies_vote.csv，按照字段 vote_average 降序排列所有数据集，导出为文本文件 tmdb_5000_movies_vote_descending.txt，要求数据之间用逗号分隔，每行末尾包含换行符。

（4）重新读取新的数据集 tmdb_5000_movies_vote_descending.txt，选择 vote_average 字段，统计最大值 maxValue、最小值 minValue、平均值 meanValue。

（5）重新读取文件 tmdb_5000_movies_vote_descending.txt，利用上一步统计结果最大值 maxValue、最小值 minValue，利用 category=[minValue, 4, 6, 8, maxValue] 和 labels=['bad', 'ok', 'good', 'excellent'] 将 vote_average 进行离散化；并将离散化结果作为一个新的列 Label 添加到原始数据集，并保存为 tmdb_5000_movies_vote_descending_result.csv 文件；根据离散化结果画出饼状图，保存为 tmdb_5000_movies_vote_descending_result_pie.png，要求分辨率不低于 300dpi。

【要求】

（1）根据以上数据处理任务，设计并编程实现"数据分析与可视化系统"，要求：
①各个任务选择用菜单实现（菜单可用字符串输出模拟或 Tkinter 形式实现）。

②各个任务名称自己定义，须由独立的函数实现，且每个任务执行成功与否须给出必要的文字提示。

③数据输入和结果输出的文件名须由人工输入，且输出结果都要以文件形式保存。

④为保持程序的健壮性，各个任务执行过程中需要进行必要的判断（如文件是否存在、输入是否合法等）、程序异常控制等。

（2）根据以上统计结果，书写不少于 300 字的结果分析。

题目十九 1990～2018 年华语电影预算与收入数据分析

【数据说明】

数据集 tmdb_5000_movies.csv 包含 20 个字段、4803 行，每一行代表的是一个电影，具体信息如表 11.3 所示。

表 11.3 华语电源预算与收入数据

序号	字段名	数据类型	字段描述
1	Budget	Numeric	预算
2	Genres	String	流派
3	Homepage	String	主页
4	Id	Numeric	电影编号
5	Keywords	String	关键词
6	original_language	String	初始语言
7	original_title	String	初始标题
8	overview	String	概述
9	popularity	Numeric	受欢迎程度
10	production_companies	Numeric	发行公司
11	production_countries	String	发行国家
12	release_date	Date	发行日期
13	revenue	Numeric	收入
14	Runtime	Numeric	上映时间
15	spoken_languages	String	语言
16	Status	String	状态
17	Tagline	String	标语
18	Title	String	标题
19	vote_average	Numeric	平均评分
20	vote_count	Numeric	评分人数

【任务】

（1）用 pandas 库读取 tmdb_5000_movies.csv 文件，查看前 3 行、后 2 行。

（2）选择列 Budget、Id、release_date、revenue、title，用 pandas 数据预处理模块将缺失值丢弃处理，并导出到新的 csv 文件 tmdb_5000_movies_budgt_revenue.csv。

（3）利用 pandas 库重新读取新的数据集 tmdb_5000_movies_budgt_revenue.csv，并选择字段 original_language=="en"的所有数据集，导出为文本文件 tmdb_5000_movies_budgt_revenue_en.txt，要求数据之间用逗号分隔，每行末尾包含换行符。

（4）读取文本文件 tmdb_5000_movies_budgt_revenue_en.txt，计算列 revenue 与列 budget 差（即 revenue-budget），并作为一个新的列 Profit 添加到原始数据集，并保存为 tmdb_5000_movies_budgt_revenue_en_profit.csv 文件。

（5）读取文件 tmdb_5000_movies_budgt_revenue_en_profit.csv，首先按照电影 title 降序排序，分别可视化显示华语电影的 Budget、revenue、Profit 的值，要求每幅图均包括图例、图标题，x 轴为电影 Id，x 轴刻度值为电影 title 且斜 45°显示（为了显示美观，可以将电影 title 每隔若干个抽样显示），每幅图曲线颜色分别为红色、绿色、蓝色；每幅图分别保存为 png 图片保存，分辨率为 400dpi，png 图片命名分别为 movies_en_budget_1990_2018.png、movies_en_revenue_1990_2018.png、movies_en_profit_1990_2018.png。

【要求】

（1）根据以上数据处理任务，设计并编程实现"数据分析与可视化系统"，要求如下。

①各个任务选择用菜单实现（菜单可用字符串输出模拟或 Tkinter 形式实现）。

②各个任务名称自己定义，须由独立的函数实现，且每个任务执行成功与否须给出必要的文字提示。

③数据输入和结果输出的文件名须由人工输入，且输出结果都要以文件形式保存。

④为保持程序的健壮性，各个任务执行过程中需要进行必要的判断（如文件是否存在、输入是否合法等）、程序异常控制等。

（2）根据以上统计结果，书写不少于 300 字的结果分析。

题目二十　1990～2018 年电影上映时长与受欢迎程度数据分析

【数据说明】

数据集 tmdb_5000_movies.csv 包含 20 个字段、4803 行，每一行代表的是一个电影，具体信息如表 11.4 所示。

表 11.4　电源上映时长与受欢迎程度数据

序号	字段名	数据类型	字段描述
1	Budget	Numeric	预算
2	Genres	String	流派

续表

序号	字段名	数据类型	字段描述
3	Homepage	String	主页
4	Id	Numeric	电影编号
5	Keywords	String	关键词
6	original_language	String	初始语言
7	original_title	String	初始标题
8	overview	String	概述
9	popularity	Numeric	受欢迎程度
10	production_companies	Numeric	发行公司
11	production_countries	String	发行国家
12	release_date	Date	发行日期
13	revenue	Numeric	收入
14	Runtime	Numeric	上映时间
15	spoken_languages	String	语言
16	Status	String	状态
17	Tagline	String	标语
18	Title	String	标题
19	vote_average	Numeric	平均评分
20	vote_count	Numeric	评分人数

【任务】

（1）用 pandas 库读取 tmdb_5000_movies.csv 文件，查看前 3 行、后 2 行。

（2）选择列 Id、original_language、popularity 、release_date、Runtime、title，用 pandas 数据预处理模块将缺失值丢弃处理，并导出到新的 csv 文件 tmdb_5000_movies_runtime_popularity.csv。

（3）利用 pandas 库重新读取新的数据集 tmdb_5000_movies_runtime_popularity.csv，并选择字段 original_language=="en"的所有数据集，导出为文本文件 tmdb_5000_movies_runtime_popularity_en.txt，要求数据之间用逗号分隔，每行末尾包含换行符。

（4）读取文本文件 tmdb_5000_movies_runtime_popularity_en.txt 并转存到 Excel 文件 tmdb_5000_movies_runtime_popularity_en.xlsx 中。

（5）读取文本文件读取文本文件 tmdb_5000_movies_runtime_popularity_en.txt，首先按照电影 title 升序排序，然后分别可视化显示 2000～2018 年发行电影的 popularity、Runtime 的值，每幅图均包括图例、图标题，x 轴刻度值为电影 title 且斜 45°显示（为了显示美观，可以将电影 title 每隔若干个抽样显示），每幅图曲线颜色分别为红色、绿色；每幅图分别保存为 png 图片保存，分辨率为 400dpi，png 图片命名分别为 movies_en_runtime_2000_2018.png、movies_en_popularity_2000_2018.png。

【要求】

（1）根据以上数据处理任务，设计并编程实现"数据分析与可视化系统"，要求：

①各个任务选择用菜单实现（菜单可用字符串输出模拟或 Tkinter 形式实现）。

②各个任务名称自己定义，须由独立的函数实现，且每个任务执行成功与否须给出必要的文字提示。

③数据输入和结果输出的文件名须由人工输入，且输出结果都要以文件形式保存。

④为保持程序的健壮性，各个任务执行过程中需要进行必要的判断（如文件是否存在、输入是否合法等）、程序异常控制等。

（2）根据以上统计结果，书写不少于 300 字的结果分析。

题目二十一　1916～2016 年电影票房与主演演员人气数据分析

【数据说明】

数据集 movies.csv 包含 7 个字段、3228 行，每一行代表的是一个电影，具体信息如表 11.5 所示。

表 11.5　电影票房与主演人员人气数据

序号	字段名	数据类型	字段描述
1	Budget	Numeric	预算
2	revenue	Numeric	收入
3	Title	String	标题
4	Average Vote	Numeric	平均评分
5	release_date	Data	发行日期
6	Release Year	Date	发行年
7	Starring Actors Popularity	Numeric	主演演员受欢迎程度

【任务】

（1）用 pandas 库读取 movies.csv 文件，查看前 3 行、后 2 行。

（2）选择列 Budget、Release Year、revenue、title、Starring Actors Popularity，用 pandas 数据预处理模块将缺失值丢弃处理，并导出到新的 csv 文件 movies_revenue_starring.csv。

（3）利用 pandas 库重新读取新的数据集 movies_revenue_starring.csv，并选择字段 "1950"＜Release Year＜"2010"的所有数据集，导出为文本文件 movies_revenue_starring_1950_2010.txt，要求数据之间用逗号分隔，每行末尾包含换行符。

（4）读取文本文件 movies_revenue_starring_1950_2010.txt 并转存到 Excel 文件 movies_revenue_starring_1950_2010.xlsx 中。

（5）读取文本文件读取文本文件 movies_revenue_starring_1950_2010.txt，首先按照电

影 title 降序排序，然后分别可视化电影的 revenue、Starring Actors Popularity 的值，每幅图均包括图例、图标题，x 轴刻度值为电影 title 且斜 45°显示（为了显示美观，可以将电影 title 每隔若干个抽样显示），每幅图曲线颜色分别为红色、绿色；每幅图分别保存为 png图片保存，分辨率为 400 dpi，png 图片命名分别为 movies_revenue_1950_2010.png、movies_starpopularity_1950_2010.png。

【要求】

（1）根据以上数据处理任务，设计并编程实现"数据分析与可视化系统"，要求：

①各个任务选择用菜单实现（菜单可用字符串输出模拟或 Tkinter 形式实现）。

②各个任务名称自己定义，须由独立的函数实现，且每个任务执行成功与否须给出必要的文字提示。

③数据输入和结果输出的文件名须由人工输入，且输出结果都要以文件形式保存。

④为保持程序的健壮性，各个任务执行过程中需要进行必要的判断（如文件是否存在、输入是否合法等）、程序异常控制等。

（2）根据以上统计结果，书写不少于 300 字的结果分析。

题目二十二　1916～2016 年电影盈利与主演演员人气数据分析

【数据说明】

数据集 movies.csv 包含 7 个字段、3228 行，每一行代表的是一个电影，具体信息如表 11.6 所示。

表 11.6　电影盈利与主演演员人气数据

序号	字段名	数据类型	字段描述
1	Budget	Numeric	预算
2	revenue	Numeric	收入
3	Title	String	标题
4	Average Vote	Numeric	平均评分
5	release_date	Data	发行日期
6	Release Year	Date	发行年
7	Starring Actors Popularity	Numeric	主演演员受欢迎程度

【任务】

（1）用 pandas 库读取 movies.csv 文件，查看前 3 行、后 2 行。

（2）选择列 Budget、Release Year、revenue、title、Starring Actors Popularity，用 pandas数据预处理模块将缺失值丢弃处理，并导出到新的 csv 文件 movies_revenue_starring.csv。

（3）利用 pandas 库重新读取新的数据集 movies_revenue_starring.csv，并选择字段

"1950"＜Release Year＜"2010"的所有数据集，导出为文本文件 movies_revenue_starring_1950_2010.txt，要求数据之间用逗号分隔，每行末尾包含换行符。

（4）读取文本文件 movies_revenue_starring_1950_2010.txt，计算列 revenue 与列 budget 差（即 revenue-budget），并作为一个新的列 Profit 添加到原始数据集，并保存为 movies_revenue_starring_1950_2010_profit.csv 文件。

（5）读取文件 movies_revenue_starring_1950_2010_profit.csv，首先按照电影 title 升序排序，然后分别可视化显示电影的 Starring Actors Popularity、Profit 的值，每幅图均包括图例、图标题，x 轴刻度值为电影 title 且斜 45°显示（为了显示美观，可以将电影 title 每隔若干个抽样显示），每幅图曲线颜色分别为红色、绿色；每幅图分别保存为 png 图片保存，分辨率为 400 dpi，png 图片命名分别为 movies_profit_1950_2010.png、movies_starpopularity_1950_2010.png。

【要求】

（1）根据以上数据处理任务，设计并编程实现"数据分析与可视化系统"，要求：

①各个任务选择用菜单实现（菜单可用字符串输出模拟或 Tkinter 形式实现）。

②各个任务名称自己定义，须由独立的函数实现，且每个任务执行成功与否须给出必要的文字提示。

③数据输入和结果输出的文件名须由人工输入，且输出结果都要以文件形式保存。

④为保持程序的健壮性，各个任务执行过程中需要进行必要的判断（如文件是否存在、输入是否合法等）、程序异常控制等。

（2）根据以上统计结果，书写不少于 300 字的结果分析。

第 12 章　政治类数据综合分析

题目二十三　2016 年美国总统大选唐纳德·特朗普（Donald Trump）支持率数据分析

【数据说明】

该数据集是 2015 年 11 月～2016 年 11 月总统大选期间进行的民意调查的数据集。

字段说明

（1）cycle：2016 年美国大选。

（2）branch：总统选举。

（3）type：民意调查。

（4）matchup：竞争对象。

（5）forecastdate：预测日期。

（6）state：州。

（7）startdate：调查开始日期。

（8）enddate：调查结束日期。

（9）pollster：民意调查对象。

（10）grade：级别。

（11）samplesize：调查样本。

（12）population：人口类型（LV：like voters；RV：registered voters）。

（13）poll_wt：民意调查权重。

（14）rawpoll_clinton：原始支持率（克林顿（Clinton））。

（15）rawpoll_trump：原始支持率（特朗普（Trump））。

（16）rawpoll_johnson：原始支持率（约翰逊（Johnson））。

（17）rawpoll_mcmullin：原始支持率（麦克马林（Mcmullin））。

（18）adjpoll_clinton：调整后支持率。

（19）adjpoll_trump：调整后支持率。

（20）adjpoll_johnson：调整后支持率。

（21）adjpoll_mcmullin：调整后支持率。

（22）multiversions：多版本。

（23）url：网址。

（24）poll_id：调查问卷 ID。

（25）question_id：问题 ID。

（26）createddate：创建日期。

（27）timestamp：时间戳。

【任务】

（1）用 pandas 库读取 presidential_polls.csv 文件，查看前 5 行、后 2 行。

（2）选择 state、rawpoll_trump、adjpoll_trump 共 3 列数据，将缺失值全部丢弃处理，并将处理后结果导出到文本文件 presidential_polls_trump.txt，要求数据之间用空格分隔，每行末尾包含换行符。

（3）读取文本文件 presidential_polls_trump.txt，按照字段 state 分组，计算 rawpoll_trump、adjpoll_trump 的均值，并将分组均值计算结果导出到新的 Excel 文件 presidential_polls_trump_state_mean.xlsx 中。

（4）读取 Excel 文件 presidential_polls_trump_state_mean.xlsx，利用 category=[0，25，50，75，100]和 labels=['OneSup', 'TwoSup', 'ThreeSup', 'FourSup']将 adjpoll_trump 进行离散化；并将离散化结果作为一个新的列 Label 添加到原始数据集，并保存为 presidential_polls_trump_state_mean_lable.csv。

（5）重新读取文件 presidential_polls_trump_state_mean_lable.csv，根据列 Lable 统计 'OneSup', 'TwoSup', 'ThreeSup', 'FourSup'的个数，并以柱状图形式显示。要求 x 轴刻度分别为'OneSup', 'TwoSup', 'ThreeSup', 'FourSup'，包括图例、图标题，填充颜色为蓝色，并保存为 presidential_polls_trump_state_support.png，要求分辨率不低于 300dpi。

【要求】

（1）根据以上数据处理任务，设计并编程实现"数据分析与可视化系统"，要求：

①各个任务选择用菜单实现（菜单可用字符串输出模拟或 Tkinter 形式实现）。

②各个任务名称自己定义，须由独立的函数实现，且每个任务执行成功与否须给出必要的文字提示。

③数据输入和结果输出的文件名须由人工输入，且输出结果都要以文件形式保存。

④为保持程序的健壮性,各个任务执行过程中需要进行必要的判断（如文件是否存在、输入是否合法等）、程序异常控制等。

（2）根据以上统计结果，书写不少于 300 字的结果分析。

题目二十四　2016 年美国总统大选希拉里·克林顿（Hillary Clinton）支持率数据分析

【数据说明】

该数据集是 2015 年 11 月～2016 年 11 月总统大选期间进行的民意调查的数据集。

字段说明

（1）cycle：2016 年美国大选。

（2）branch：总统选举。

（3）type：民意调查。

（4）matchup：竞争对象。

（5）forecastdate：预测日期。

（6）state：州。

（7）startdate：调查开始日期。

（8）enddate：调查结束日期。

（9）pollster：民意调查对象。

（10）grade：级别。

（11）samplesize：调查样本。

（12）population：人口类型（LV：like voters；RV：registered voters）。

（13）poll_wt：民意调查权重。

（14）rawpoll_clinton：原始支持率（克林顿）。

（15）rawpoll_trump：原始支持率（特朗普）。

（16）rawpoll_johnson：原始支持率（约翰逊）。

（17）rawpoll_mcmullin：原始支持率（麦克马林）。

（18）adjpoll_clinton：调整后支持率。

（19）adjpoll_trump：调整后支持率。

（20）adjpoll_johnson：调整后支持率。

（21）adjpoll_mcmullin：调整后支持率。

（22）multiversions：多版本。

（23）url：网址。

（24）poll_id：调查问卷 ID。

（25）question_id：问题 ID。

（26）createddate：创建日期。

（27）timestamp：时间戳。

【任务】

（1）用 pandas 库读取 presidential_polls.csv 文件，查看前 5 行、后 2 行。

（2）选择 state、rawpoll_clinton、adjpoll_clinton 共 3 列数据，将缺失值全部丢弃处理，并将处理后结果导出到文本文件 presidential_polls_clinton.txt，要求数据之间用空格分隔，每行末尾包含换行符。

（3）读取文本文件 presidential_polls_clinton.txt，按照字段 state 分组，计算 rawpoll_clinton、adjpoll_clinton 的均值，并将分组均值计算结果导出到新的 Excel 文件 presidential_polls_clinton_state_mean.xlsx 中。

（4）读取 Excel 文件 presidential_polls_clinton_state_mean.xlsx，利用 category=[0，25，50，75，100]和 labels=['OneSup', 'TwoSup', 'ThreeSup', 'FourSup']将 adjpoll_clinton 进行离散化；并将离散化结果作为一个新的列 Label 添加到原始数据集，并保存为 presidential_polls_clinton_state_mean_lable.csv。

（5）重新读取文件 presidential_polls_clinton_state_mean_lable.csv，根据列 Lable 统计 'OneSup', 'TwoSup', 'ThreeSup', 'FourSup'的个数，并以柱状图形式显示。要求 x 轴刻度分别为'OneSup', 'TwoSup', 'ThreeSup', 'FourSup'，包括图例、图标题，填充颜色为蓝色，并保存为 presidential_polls_clinton_state_support.png，要求分辨率不低于 300dpi。

【要求】

（1）根据以上数据处理任务，设计并编程实现"数据分析与可视化系统"，要求：

①各个任务选择用菜单实现（菜单可用字符串输出模拟或 Tkinter 形式实现）。

②各个任务名称自己定义，须由独立的函数实现，且每个任务执行成功与否须给出必要的文字提示。

③数据输入和结果输出的文件名须由人工输入，且输出结果都要以文件形式保存。

④为保持程序的健壮性，各个任务执行过程中需要进行必要的判断（如文件是否存在、输入是否合法等）、程序异常控制等。

（2）根据以上统计结果，书写不少于 300 字的结果分析。

题目二十五　2016 年美国总统大选加里·约翰逊（Gary Johnson）支持率数据分析

【数据说明】

该数据集是 2015 年 11 月～2016 年 11 月总统大选期间进行的民意调查的数据集。

字段说明

（1）cycle：2016 年美国大选。

（2）branch：总统选举。

（3）type：民意调查。

（4）matchup：竞争对象。

（5）forecastdate：预测日期。

（6）state：州。

（7）startdate：调查开始日期。

（8）enddate：调查结束日期。

（9）pollster：民意调查对象。

（10）grade：级别。

（11）samplesize：调查样本。

（12）population：人口类型（LV：like voters；RV：registered voters）。

（13）poll_wt：民意调查权重。

（14）rawpoll_clinton：原始支持率（克林顿）。

（15）rawpoll_trump：原始支持率（特朗普）。

（16）rawpoll_johnson：原始支持率（约翰逊）。

（17）rawpoll_mcmullin：原始支持率（麦克马林）。

（18）adjpoll_clinton：调整后支持率。

（19）adjpoll_trump：调整后支持率。

（20）adjpoll_johnson：调整后支持率。

（21）adjpoll_mcmullin：调整后支持率。

（22）multiversions：多版本。

（23）url：网址。

（24）poll_id：调查问卷 ID。

（25）question_id：问题 ID。

（26）createddate：创建日期。

（27）timestamp：时间戳。

【任务】

（1）用 pandas 库读取 presidential_polls.csv 文件，查看前 5 行、后 2 行。

（2）选择 state、rawpoll_johnson、adjpoll_johnson 共 3 列数据，将缺失值全部丢弃处理，并将处理后结果导出到文本文件 "presidential_polls_johnson.txt"，要求数据之间用空格分隔，每行末尾包含换行符。

（3）读取文本文件 presidential_polls_johnson.txt，按照字段 state 分组，计算 rawpoll_johnson、adjpoll_johnson 的均值，并将分组均值计算结果导出到新的 Excel 文件 presidential_polls_johnson_state_mean.xlsx 中。

（4）读取 Excel 文件 presidential_polls_johnson_state_mean.xlsx，利用 category=[0，25，50，75，100]和 labels=['OneSup', 'TwoSup', 'ThreeSup', 'FourSup']将 adjpoll_johnson 进行离散化；并将离散化结果作为一个新的列 Label 添加到原始数据集，并保存为 presidential_polls_johnson_state_mean_lable.csv。

（5）读取文件 presidential_polls_johnson_state_mean_lable.csv，根据列 Lable 统计'OneSup'，'TwoSup'，'ThreeSup'，'FourSup'的个数，以柱状图形式显示。要求 x 轴刻度分别为'OneSup'，'TwoSup'，'ThreeSup'，'FourSup'，包括图例、图标题，填充颜色为蓝色，并保存为 presidential_polls_johnson_state_support.png，要求分辨率不低于 300dpi。

【要求】

（1）根据以上数据处理任务，设计并编程实现 "数据分析与可视化系统"，要求：
①各个任务选择用菜单实现（菜单可用字符串输出模拟或 Tkinter 形式实现）。
②各个任务名称自己定义，须由独立的函数实现，且每个任务执行成功与否须给出必

要的文字提示。

③数据输入和结果输出的文件名须由人工输入，且输出结果都要以文件形式保存。

④为保持程序的健壮性，各个任务执行过程中需要进行必要的判断（如文件是否存在、输入是否合法等）、程序异常控制等。

（2）根据以上统计结果，书写不少于 300 字的结果分析。

第 13 章　生活类数据综合分析

题目二十六　共享单车租赁用户数据分析

【数据说明】

该数据集是 2011 年和 2012 年共享单车租借统计数据集。

字段说明

（1）instant：租借记录序号。

（2）dteday：日期。

（3）season：季节（1：springer，2：summer，3：fall，4：winter）。

（4）yr：年（0：2011，1：2012）。

（5）mnth：月（1～12）。

（6）hr：时（0～23）。

（7）holiday：是否是假期。

（8）weekday：星期几。

（9）workingday：是否工作日。

（10）weathersit：天气。

①晴天（Clear）

②雾、云（Cloudy）

③小雨小雪（Light Rain）

④大雨（Heavy Rain）

（11）temp：温度。

（12）atemp：归一化温度。

（13）hum：归一化湿度。

（14）windspeed：归一化风速。

（15）casual：临时用户。

（16）registered：注册用户。

【任务】

（1）用 pandas 库读取 bike_day.csv 文件，查看前 5 行、后 2 行。

（2）选择 instant、dteday、yr、casual、registered 共 5 列数据，将缺失值全部丢弃处理，并将处理后结果导出到文本文件 bike_day_user.txt，要求数据之间用空格分隔，每行末尾包含换行符。

（3）读取文本文件 bike_day_user.txt，计算列 casual 与列 registered 和（即 casual + registered），并作为一个新的列 cnt 添加到原始数据，导出到新的 Excel 文件 bike_day_user_cnt.xlsx 中。

（4）读取 Excel 文件 bike_day_user_cnt.xlsx，计算列 cnt 的最大值、最小值；并分别统计 2011 年和 2012 年 cnt 的年平均值，以及 2011 年和 2012 年每个月的月平均值（如 2011 年 1 月和 2012 年 1 月统一计算为 1 月的月平均值）。

（5）将上一步计算得出的 2011 年和 2012 年共享单车租赁用户的月平均值以水平柱状图可视化显示，要求 y 轴代表月份，刻度分别为 January、February……包括图例、图标题，填充颜色为蓝色，并保存为 bike_day_user_cnt.png，要求分辨率不低于 300 dpi。

【要求】

（1）根据以上数据处理任务，设计并编程实现"数据分析与可视化系统"，要求：

①各个任务选择用菜单实现（菜单可用字符串输出模拟或 Tkinter 形式实现）。

②各个任务名称自己定义，须由独立的函数实现，且每个任务执行成功与否须给出必要的文字提示。

③数据输入和结果输出的文件名须由人工输入，且输出结果都要以文件形式保存。

④为保持程序的健壮性，各个任务执行过程中需要进行必要的判断（如文件是否存在、输入是否合法等）、程序异常控制等。

（2）根据以上统计结果，书写不少于 300 字的结果分析。

题目二十七　共享单车租赁时间数据分析

【数据说明】

该数据集是 2011 年和 2012 年共享单车租借统计数据集。

字段说明

（1）instant：租借记录序号。

（2）dteday：日期。

（3）season：季节（1：springer，2：summer，3：fall，4：winter）。

（4）yr：年（0：2011，1：2012）。

（5）mnth：月（1～12）。

（6）hr：时（0～23）。

（7）holiday：是否是假期。

（8）weekday：星期几。

（9）workingday：是否工作日。

（10）weathersit：天气。

①晴天（Clear）

②雾、云（Cloudy）

③小雨小雪（Light Rain）

④大雨（Heavy Rain）

（11）temp：温度。

（12）atemp：归一化温度。

（13）hum：归一化湿度。

（14）windspeed：归一化风速。

（15）casual：临时用户。

（16）registered：注册用户。

【任务】

（1）用 pandas 库读取 bike_day.csv 文件，查看前 5 行、后 2 行。

（2）选择 instant、dteday、weekday、casual、registered 共 5 列数据，将缺失值全部丢弃处理，并将处理后结果导出到文本文件 bike_weekday_user.txt，要求数据之间用空格分隔，每行末尾包含换行符。

（3）读取文本文件 bike_weekday_user.txt，计算列 casual 与列 registered 和（即 casual + registered），并作为一个新的列 cnt 添加到原始数据，导出到新的 Excel 文件 bike_weekday_user_cnt.xlsx 中。

（4）读取 Excel 文件 bike_weekday_user_cnt.xlsx，按照列 weekday 分组，计算列 cnt 的均值，并将分类计算结果导出到新的文本文件 bike_weekday_user_cnt_mean.txt 中，要求数据之间用逗号分隔，每行末尾包含换行符。

（5）读取文本文件 bike_weekday_user_cnt_mean.txt，可视化显示上一步分组计算得出的 cnt 均值。要求以列 weekday 为 x 轴，轴刻度分别为 Monday、Tuesday、Wednesday、Thursday、Friday、Saturday、Sunday，包括图例、图标题，填充颜色为蓝色，并保存为 bike_day_user_cnt.png，要求分辨率不低于 300 dpi。

【要求】

（1）根据以上数据处理任务，设计并编程实现"数据分析与可视化系统"，要求：

①各个任务选用菜单实现（菜单可用字符串输出模拟或 Tkinter 形式实现）。

②各个任务名称自己定义，须由独立的函数实现，且每个任务执行成功与否须给出必要的文字提示。

③数据输入和结果输出的文件名须由人工输入，且输出结果都要以文件形式保存。

④为保持程序的健壮性，各个任务执行过程中需要进行必要的判断（如文件是否存在、输入是否合法等）、程序异常控制等。

（2）根据以上统计结果，书写不少于 300 字的结果分析。

题目二十八　共享单车租赁时天气数据分析

【数据说明】

该数据集是 2011 年和 2012 年共享单车租借统计数据集。

字段说明

（1）instant：租借记录序号。

（2）dteday：日期。

（3）season：季节（1：springer，2：summer，3：fall，4：winter）。

（4）yr：年（0：2011，1：2012）。

（5）mnth：月（1～12）。

（6）hr：时（0～23）。

（7）holiday：是否是假期。

（8）weekday：星期几。

（9）workingday：是否工作日。

（10）weathersit：天气。

①晴天（Clear）

②雾、云（Cloudy）

③小雨小雪（Light Rain）

④大雨（Heavy Rain）

（11）temp：温度。

（12）atemp：归一化温度。

（13）hum：归一化湿度。

（14）windspeed：归一化风速。

（15）casual：临时用户。

（16）registered：注册用户。

【任务】

（1）用 pandas 库读取 bike_day.csv 文件，查看前 5 行、后 2 行。

（2）选择 instant、dteday、weathersit、casual、registered 共 5 列数据，将缺失值全部丢弃处理，并将处理后结果导出到文本文件 bike_weathersit _user.txt，要求数据之间用空格分隔，每行末尾包含换行符。

（3）读取文本文件 bike_weathersit_user.txt，计算列 casual 与列 registered 和（即 casual + registered），并作为一个新的列 cnt 添加到原始数据，导出到新的 Excel 文件 bike_weathersit_ user_cnt.xlsx 中。

（4）读取 Excel 文件 bike_weathersit_user_cnt.xlsx，按照列 weathersit 分组，计算列 cnt 的均值，并将分类计算结果导出到新的文本文件 bike_weathersit_user_cnt_mean.txt 中，要

求数据之间用逗号分隔，每行末尾包含换行符。

（5）读取文本文件 bike_weathersit_user_cnt_mean.txt，可视化显示上一步分组计算得出的 cnt 均值。要求以列 weathersit 为 x 轴，轴刻度分别为 Clear、Cloudy、lightRain、heavyRain，包括图例、图标题，填充颜色为蓝色，并保存为 bike_weathersit_user_cnt.png，要求分辨率不低于 300 dpi。

【要求】

（1）根据以上数据处理任务，设计并编程实现"数据分析与可视化系统"，要求：

①各个任务选择用菜单实现（菜单可用字符串输出模拟或 Tkinter 形式实现）。

②各个任务名称自己定义，须由独立的函数实现，且每个任务执行成功与否须给出必要的文字提示。

③数据输入和结果输出的文件名须由人工输入，且输出结果都要以文件形式保存。

④为保持程序的健壮性，各个任务执行过程中需要进行必要的判断（如文件是否存在、输入是否合法等）、程序异常控制等。

（2）根据以上统计结果，书写不少于 300 字的结果分析。

题目二十九　共享单车租赁时温度数据分析

【数据说明】

该数据集是 2011 年和 2012 年共享单车租借统计数据集。

字段说明

（1）instant：租借记录序号。

（2）dteday：日期。

（3）season：季节（1：springer，2：summer，3：fall，4：winter）。

（4）yr：年（0：2011，1：2012）。

（5）mnth：月（1～12）。

（6）hr：时（0～23）。

（7）holiday：是否是假期。

（8）weekday：星期几。

（9）workingday：是否工作日。

（10）weathersit：天气。

①晴天（Clear）

②雾、云（Cloudy）

③小雨小雪（Light Rain）

④大雨（Heavy Rain）

（11）temp：温度。

（12）atemp：归一化温度。

（13）hum：归一化湿度。

（14）windspeed：归一化风速。

（15）casual：临时用户。

（16）registered：注册用户。

【任务】

（1）用 pandas 库读取 bike_day.csv 文件，查看前 5 行、后 2 行。

（2）选择 instant、dteday、atemp、casual、registered 共 5 列数据，将缺失值全部丢弃处理，并将处理后结果导出到文本文件 bike_atemp_user.txt，要求数据之间用空格分隔，每行末尾包含换行符。

（3）读取文本文件 bike_atemp_user.txt，计算列 casual 与列 registered 和（即 casual + registered），并作为一个新的列 cnt 添加到原始数据，导出到新的 Excel 文件 bike_atemp_user_cnt.xlsx 中。

（4）读取 Excel 文件 bike_atemp_user_cnt.xlsx，统计列 atemp 的最大值 maxValue、最小值 minValue、平均值 meanValue。利用 category=[minValue，0.4，0.6，0.8，maxValue] 和 labels=['Cold', 'Cool', 'Warm', 'Hot']将 atemp 进行离散化；并将离散化结果作为一个新的列 Label 添加到原始数据集，并保存为 bike_atemp_user_cnt_result.csv。

（5）读取 bike_atemp_user_cnt_result.csv，按照列 Lable 分组，计算列 cnt 的均值，并以柱状图可视化显示该均值。要求以列 Lable 为 x 轴，轴刻度分别为 Cold、Cool、Warm、Hot，包括图例、图标题，填充颜色为蓝色，并保存为 bike_atemp_user_cnt.png，要求分辨率不低于 300dpi。

【要求】

（1）根据以上数据处理任务，设计并编程实现"数据分析与可视化系统"，要求：

①各个任务选择用菜单实现（菜单可用字符串输出模拟或 Tkinter 形式实现）。

②各个任务名称自己定义，须由独立的函数实现，且每个任务执行成功与否须给出必要的文字提示。

③数据输入和结果输出的文件名须由人工输入，且输出结果都要以文件形式保存。

④为保持程序的健壮性，各个任务执行过程中需要进行必要的判断（如文件是否存在、输入是否合法等）、程序异常控制等。

（2）根据以上统计结果，书写不少于 300 字的结果分析。

题目三十　共享单车租赁时风速数据分析

【数据说明】

该数据集是 2011 年和 2012 年共享单车租借统计数据集。

字段说明

（1）instant：租借记录序号。

（2）dteday：日期。

（3）season：季节（1：springer，2：summer，3：fall，4：winter）。

（4）yr：年（0：2011，1：2012）。

（5）mnth：月（1～12）。

（6）hr：时（0～23）。

（7）holiday：是否是假期。

（8）weekday：星期几。

（9）workingday：是否工作日。

（10）weathersit：天气。

①晴天（Clear）

②雾、云（Cloudy）

③小雨小雪（Light Rain）

④大雨（Heavy Rain）

（11）temp：温度。

（12）atemp：归一化温度。

（13）hum：归一化湿度。

（14）windspeed：归一化风速。

（15）casual：临时用户。

（16）registered：注册用户。

【任务】

（1）用 pandas 库读取 bike_day.csv 文件，查看前 5 行、后 2 行。

（2）选择 instant、dteday、windspeed、casual、registered 共 5 列数据，将缺失值全部丢弃处理，并将处理后结果导出到文本文件 bike_windspeed_user.txt，要求数据之间用空格分隔，每行末尾包含换行符。

（3）读取文本文件 bike_windspeed_user.txt，计算列 casual 与列 registered 和（即 casual + registered），并作为一个新的列 cnt 添加到原始数据，导出到新的 Excel 文件 bike_windspeed_user_cnt.xlsx 中。

（4）读取 Excel 文件 bike_windspeed_user_cnt.xlsx，统计列 windspeed 的最大值 maxValue、最小值 minValue、平均值 meanValue。利用 category=[minValue，0.3，0.35，0.4，maxValue] 和 labels=['Normal', 'Little', 'Big', 'Strong']将 windspeed 进行离散化；并将离散化结果作为一个新的列 Label 添加到原始数据集，并保存为 bike_windspeed_user_cnt_result.csv。

（5）读取 bike_windspeed_user_cnt_result.csv，按照列 Lable 分组，计算列 cnt 的均值，并以柱状图可视化显示该均值。要求以列 Lable 为 x 轴，轴刻度分别为 Normal、Little、Big、Strong，包括图例、图标题，填充颜色为蓝色，并保存为 bike_windspeed_user_cnt.png，要求分辨率不低于 300 dpi。

【要求】

（1）根据以上数据处理任务，设计并编程实现"数据分析与可视化系统"，要求：

①各个任务选择用菜单实现（菜单可用字符串输出模拟或 Tkinter 形式实现）。

②各个任务名称自己定义，须由独立的函数实现，且每个任务执行成功与否须给出必要的文字提示。

③数据输入和结果输出的文件名须由人工输入，且输出结果都要以文件形式保存。

④为保持程序的健壮性，各个任务执行过程中需要进行必要的判断（如文件是否存在、输入是否合法等）、程序异常控制等。

（2）根据以上统计结果，书写不少于 300 字的结果分析。

题目三十一　2006～2010 年不同类型房屋售价数据分析

【数据说明】

该数据集是房屋销售记录数据集。

字段说明

（1）Id：房屋出售记录序号。

（2）MSZoning：房屋销售分类。

A 农业

C 商业

FV 村庄住宅

I 工业

RH 高密度住宅

RL 低密度住宅

RP 低密度别墅

RM 中密度住宅

（3）LotArea：房屋占地面积（单位：ft^2）。

（4）LotShape：房屋的形状。

（5）OverallCond：评估房子的整体状况。

（6）YearBuilt：原施工日期。

（7）RoofStyle：屋顶类型。

（8）Foundation：地基类型。

（9）TotalBsmtSF：地下室总面积（平方英尺）。

（10）Heating：供暖系统类型。

Floor：地暖（Floor Furnace）

GasA：气暖（Gas forced warm air furnace）

GasW：水暖（Gas hot water or steam heat）

Grav：重力炉（Gravity furnace　）

OthW：非天然气加热炉（Hot water or steam heat other than gas）

Wall：壁挂炉（Wall furnace）

（11）Electrical：电力系统。

SBrkr：标准电力系统（Standard Circuit Breakers & Romex）

FuseA：中等电力系统（Fuse Box over 60 AMP and all Romex wiring（Average））

FuseF：一般电力系统（60 AMP Fuse Box and mostly Romex wiring（Fair））

FuseP：较差电力系统（60 AMP Fuse Box and mostly knob & tube wiring（Poor））

Mix：混合电力系统（Mixed）

（12）GrLivArea：地面上生活面积（平方英尺）。

（13）KitchenQual：厨房质量。

Ex：极好装修（Excellent）

Gd：较好装修（Good）

TA：典型/中等装修（Typical/Average）

Fa：一般（Fair）

Po：未装修（Poor）

（14）TotRmsAbvGrd：地面上所有房间（不包括浴室）。

（15）GarageType：车库位置。

（16）GarageYrBlt：车库建成年份。

（17）GarageArea：车库面积（平方英尺）。

（18）GarageCond：车库情况。

Ex：极好（Excellent）

Gd：较好（Good）

TA：典型/中等水平（Typical/Average）

Fa：一般（Fair）

Po：差（Poor）

NA：无车库

（19）YrSold：年售出（YYYY）。

（20）SalePrice：销售价格（单位：美元）。

【任务】

（1）用 pandas 库读取 house.sale.price.csv 文件，查看前 5 行、后 2 行。

（2）选择 Id、MSZoning、LotArea、YrSold、SalePrice 共 5 列数据，将缺失值全部丢弃处理，并将处理后结果导出到文本文件 house_total_price.txt，要求数据之间用空格分隔，每行末尾包含换行符。

（3）读取文本文件 house_total_price.txt，计算列 SalePrice 与列 LotArea 的商（即 SalePrice/LotArea），并作为一个新的列 unitPrice 添加到原始数据，导出到新的 Excel 文件

house_unit_price.xlsx 中。

（4）读取 Excel 文件 house_unit_price.xlsx，利用列 MSZoning 分组，计算 unitPrice 的均值，并按照 unitPrice 均值降序排列后以柱状图可视化显示该均值。要求以列 MSZoning 为 x 轴，轴刻度分别为 C、FV、NA、RH、RL、RM，包括图例、图标题，填充颜色为蓝色，并保存为 house_unit_price.png，要求分辨率不低于 300 dpi。

（5）读取 Excel 文件 house_unit_price.xlsx，利用列 YrSold 分组，计算 unitPrice 的均值，并以柱状图可视化显示该均值。要求以列 YrSold 为 x 轴，轴刻度依次为 2006、2007、2008、2009、2010，包括图例、图标题，填充颜色为绿色，并保存为 house_year_unit_price.png，要求分辨率不低于 300 dpi。

【要求】

（1）根据以上数据处理任务，设计并编程实现"数据分析与可视化系统"，要求：

①各个任务选择用菜单实现（菜单可用字符串输出模拟或 Tkinter 形式实现）。

②各个任务名称自己定义，须由独立的函数实现，且每个任务执行成功与否须给出必要的文字提示。

③数据输入和结果输出的文件名须由人工输入，且输出结果都要以文件形式保存。

④为保持程序的健壮性，各个任务执行过程中需要进行必要的判断（如文件是否存在、输入是否合法等）、程序异常控制等。

（2）根据以上统计结果，书写不少于 300 字的结果分析。

题目三十二　房屋形状对评估及售价影响分析

【数据说明】

该数据集是房屋销售记录数据集。

字段说明

（1）Id：房屋出售记录序号。

（2）MSZoning：房屋销售分类。

A 农业

C 商业

FV 村庄住宅

I 工业

RH 高密度住宅

RL 低密度住宅

RP 低密度别墅

RM 中密度住宅

（3）LotArea：房屋占地面积（单位：ft^2）。

（4）LotShape：房屋的形状。

Reg 规则的

IR1 轻微不规则的

IR2 中度不规则的

IR3 不规则的

（5）OverallCond：评估房子的整体状况。

（6）YearBuilt：原施工日期。

（7）RoofStyle：屋顶类型。

（8）Foundation：地基类型。

（9）TotalBsmtSF：地下室总面积（单位：ft^2）。

（10）Heating：供暖系统类型。

Floor：地暖（Floor furnace）

GasA：气暖（Gas forced warm air furnace）

GasW：水暖（Gas hot water or steam heat）

Grav：重力炉（Gravity furnace ）

OthW：非天然气加热炉（Hot water or steam heat other than gas）

Wall：壁挂炉（Wall furnace）

（11）Electrical：电力系统。

SBrkr：标准电力系统（Standard Circuit Breakers & Romex）

FuseA：中等电力系统（Fuse Box over 60 AMP and all Romex wiring（Average））

FuseF：一般电力系统（60 AMP Fuse Box and mostly Romex wiring（Fair））

FuseP：较差电力系统（60 AMP Fuse Box and mostly knob & tube wiring（Poor））

Mix：混合电力系统（Mixed）

（12）GrLivArea：地面上生活面积（单位：ft^2）。

（13）KitchenQual：厨房质量。

Ex：极好装修（Excellent）

Gd：较好装修（Good）

TA：典型/中等装修（Typical/Average）

Fa：一般（Fair）

Po：未装修（Poor）

（14）TotRmsAbvGrd：地面上所有房间（不包括浴室）。

（15）GarageType：车库位置。

（16）GarageYrBlt：车库建成年份。

（17）GarageArea：车库面积（单位：ft^2）。

（18）GarageCond：车库情况。

Ex：极好（Excellent）

Gd：较好（Good）

TA：典型/中等水平（Typical/Average）

Fa：一般（Fair）

Po：差（Poor）

NA：无车库

（19）YrSold：年售出（YYYY）。

（20）SalePrice：销售价格（单位：美元）。

【任务】

（1）用 pandas 库读取 house.sale.price.csv 文件，查看前 5 行、后 2 行。

（2）选择 Id、LotShape、LotArea、OverallCond、YrSold、SalePrice 共 6 列数据，将缺失值全部丢弃处理，并将处理后结果导出到文本文件 house_total_price.txt，要求数据之间用空格分隔，每行末尾包含换行符。

（3）读取文本文件 house_total_price.txt，计算列 SalePrice 与列 LotArea 的商（即 SalePrice/LotArea），并作为一个新的列 unitPrice 添加到原始数据，导出到新的 Excel 文件 house_unit_price.xlsx 中。

（4）读取 Excel 文件 house_unit_price.xlsx，利用列 LotShape 分组，计算 unitPrice 的均值，并按照 unitPrice 均值降序排列后以柱状图可视化显示该均值。要求以列 LotShape 为 x 轴，轴刻度分别为 Reg、IR1、IR2、IR3，包括图例、图标题，填充颜色为蓝色，并保存为 houseshape_unit_price.png，要求分辨率不低于 300 dpi。

（5）读取 Excel 文件 house_unit_price.xlsx，利用列 LotShape 分组，计算 OverallCond 的均值，并按照 OverallCond 均值升序排列后以柱状图可视化显示该均值。要求以列 LotShape 为 x 轴，轴刻度分别为 Reg、IR1、IR2、IR3，包括图例、图标题，填充颜色为蓝色，并保存为 houseshape_overallcond.png，要求分辨率不低于 300 dpi。

【要求】

（1）根据以上数据处理任务，设计并编程实现"数据分析与可视化系统"，要求。

①各个任务选择用菜单实现（菜单可用字符串输出模拟或 Tkinter 形式实现）。

②各个任务名称自己定义，须由独立的函数实现，且每个任务执行成功与否须给出必要的文字提示。

③数据输入和结果输出的文件名须由人工输入，且输出结果都要以文件形式保存。

④为保持程序的健壮性，各个任务执行过程中需要进行必要的判断（如文件是否存在、输入是否合法等）、程序异常控制等。

（2）根据以上统计结果，书写不少于 300 字的结果分析。

题目三十三　房屋供暖系统类型对评估及售价影响分析

【数据说明】

该数据集是房屋销售记录数据集。

字段说明

（1）Id：房屋出售记录序号。

（2）MSZoning：房屋销售分类。

A 农业

C 商业

FV 村庄住宅

I 工业

RH 高密度住宅

RL 低密度住宅

RP 低密度别墅

RM 中密度住宅

（3）LotArea：房屋占地面积（单位：ft^2）。

（4）LotShape：房屋的形状。

（5）OverallCond：评估房子的整体状况。

（6）YearBuilt：原施工日期。

（7）RoofStyle：屋顶类型。

（8）Foundation：地基类型。

（9）TotalBsmtSF：地下室总面积（单位：ft^2）。

（10）Heating：供暖系统类型。

Floor：地暖（Floor furnace）

GasA：气暖（Gas forced warm air furnace）

GasW：水暖（Gas hot water or steam heat）

Grav：重力炉（Gravity furnace ）

OthW：非天然气加热炉（Hot water or steam heat other than gas）

Wall：壁挂炉（Wall furnace）

（11）Electrical：电力系统。

SBrkr：标准电力系统（Standard Circuit Breakers & Romex）

FuseA：中等电力系统（Fuse Box over 60 AMP and all Romex wiring（Average））

FuseF：一般电力系统（60 AMP Fuse Box and mostly Romex wiring（Fair））

FuseP：较差电力系统（60 AMP Fuse Box and mostly knob & tube wiring（Poor））

Mix：混合电力系统（Mixed）

（12）GrLivArea：地面上生活面积（单位：ft^2）。

（13）KitchenQual：厨房质量。

Ex：极好装修（Excellent）

Gd：较好装修（Good）

TA：典型/中等装修（Typical/Average）

Fa：一般（Fair）

Po：未装修（Poor）

（14）TotRmsAbvGrd：地面上所有房间（不包括浴室）。

（15）GarageType：车库位置。

（16）GarageYrBlt：车库建成年份。

（17）GarageArea：车库面积（单位：ft^2）。

（18）GarageCond：车库情况。

Ex：极好（Excellent）

Gd：较好（Good）

TA：典型/中等水平（Typical/Average）

Fa：一般（Fair）

Po：差（Poor）

NA：无车库

（19）YrSold：年售出（YYYY）。

（20）SalePrice：销售价格（单位：美元）。

【任务】

（1）用 pandas 库读取 house.sale.price.csv 文件，查看前 5 行、后 2 行。

（2）选择 Id、Heating、LotArea、OverallCond、YrSold、SalePrice 共 6 列数据，将缺失值全部丢弃处理，并将处理后结果导出到文本文件 house_total_price.txt，要求数据之间用空格分隔，每行末尾包含换行符。

（3）读取文本文件 house_total_price.txt，计算列 SalePrice 与列 LotArea 的商（即 SalePrice/LotArea），并作为一个新的列 unitPrice 添加到原始数据，导出到新的 Excel 文件 house_unit_price.xlsx 中。

（4）读取 Excel 文件 house_unit_price.xlsx，利用列 Heating 分组，计算 unitPrice 的均值，并按照 unitPrice 均值降序排列后以柱状图可视化显示该均值。要求以列 Heating 为 x 轴，轴刻度分别为 Floor、GasA、GasW、Grav、OthW、Wall，包括图例、图标题，填充颜色为蓝色，并保存为 househeating_unit_price.png，要求分辨率不低于 300 dpi。

（5）读取 Excel 文件 house_unit_price.xlsx，利用列 Heating 分组，计算 OverallCond 的均值，并按照 OverallCond 均值升序排列后以柱状图可视化显示该均值。要求以列 Heating 为 x 轴，轴刻度分别为 Floor、GasA、GasW、Grav、OthW、Wall，包括图例、图标题，填充颜色为蓝色，并保存为 househeating_overallcond.png，要求分辨率不低于 300 dpi。

【要求】

（1）根据以上数据处理任务，设计并编程实现"数据分析与可视化系统"，要求。

①各个任务选择用菜单实现（菜单可用字符串输出模拟或 Tkinter 形式实现）。

②各个任务名称自己定义，须由独立的函数实现，且每个任务执行成功与否须给出必要的文字提示。

③数据输入和结果输出的文件名须由人工输入，且输出结果都要以文件形式保存。

④为保持程序的健壮性,各个任务执行过程中需要进行必要的判断(如文件是否存在、输入是否合法等)、程序异常控制等。

(2)根据以上统计结果,书写不少于 300 字的结果分析。

题目三十四　厨房装修类型对评估及售价影响分析

【数据说明】

该数据集是房屋销售记录数据集。

字段说明

(1)Id:房屋出售记录序号。

(2)MSZoning:房屋销售分类。

A 农业

C 商业

FV 村庄住宅

I 工业

RH 高密度住宅

RL 低密度住宅

RP 低密度别墅

RM 中密度住宅

(3)LotArea:房屋占地面积(单位:ft^2)。

(4)LotShape:房屋的形状。

(5)OverallCond:评估房子的整体状况。

(6)YearBuilt:原施工日期。

(7)RoofStyle:屋顶类型。

(8)Foundation:地基类型。

(9)TotalBsmtSF:地下室总面积(单位:ft^2)。

(10)Heating:供暖系统类型。

Floor:地暖(Floor furnace)

GasA:气暖(Gas forced warm air furnace)

GasW:水暖(Gas hot water or steam heat)

Grav:重力炉(Gravity furnace　)

OthW:非天然气加热炉(Hot water or steam heat other than gas)

Wall:壁挂炉(Wall furnace)

(11)Electrical:电力系统。

SBrkr:标准电力系统(Standard Circuit Breakers & Romex)

FuseA:中等电力系统(Fuse Box over 60 AMP and all Romex wiring(Average))

FuseF：一般电力系统（60 AMP Fuse Box and mostly Romex wiring（Fair））

FuseP：较差电力系统（60 AMP Fuse Box and mostly knob & tube wiring（Poor））

Mix：混合电力系统（Mixed）

（12）GrLivArea：地面上生活面积（单位：ft^2）。

（13）KitchenQual：厨房质量。

Ex：极好装修（Excellent）

Gd：较好装修（Good）

TA：典型/中等装修（Typical/Average）

Fa：一般（Fair）

Po：未装修（Poor）

（14）TotRmsAbvGrd：地面上所有房间（不包括浴室）。

（15）GarageType：车库位置。

（16）GarageYrBlt：车库建成年份。

（17）GarageArea：车库面积（单位：ft^2）。

（18）GarageCond：车库情况。

Ex：极好（Excellent）

Gd：较好（Good）

TA：典型/中等水平（Typical/Average）

Fa：一般（Fair）

Po：差（Poor）

NA：无车库

（19）YrSold：年售出（YYYY）。

（20）SalePrice：销售价格（单位：美元）。

【任务】

（1）用 pandas 库读取 house.sale.price.csv 文件，查看前 5 行、后 2 行。

（2）选择 Id、KitchenQual、LotArea、OverallCond、YrSold、SalePrice 共 6 列数据，将缺失值全部丢弃处理，并将处理后结果导出到文本文件 house_total_price.txt，要求数据之间用空格分隔，每行末尾包含换行符。

（3）读取文本文件 house_total_price.txt，计算列 SalePrice 与列 LotArea 的商（即 SalePrice/LotArea），并作为一个新的列 unitPrice 添加到原始数据，导出到新的 Excel 文件 house_unit_price.xlsx 中。

（4）读取 Excel 文件 house_unit_price.xlsx，利用列 KitchenQual 分组，计算 unitPrice 的均值，并按照 unitPrice 均值降序排列后以柱状图可视化显示该均值。要求以列 KitchenQual 为 x 轴，轴刻度分别为 Excellent、Good、Typical、Fair、Poor，包括图例、图标题，填充颜色为蓝色，并保存为 housekitchen_unit_price.png，要求分辨率不低于 300 dpi。

（5）读取 Excel 文件 house_unit_price.xlsx，利用列 KitchenQual 分组，计算 OverallCond

的均值，并按照 OverallCond 均值升序排列后以柱状图可视化显示该均值。要求以列 KitchenQual 为 x 轴，轴刻度分别为 Excellent、Good、Typical、Fair、Poor，包括图例、图标题，填充颜色为蓝色，并保存为 housekitchen_overallcond.png，要求分辨率不低于 300 dpi。

【要求】

（1）根据以上数据处理任务，设计并编程实现"数据分析与可视化系统"，要求：

①各个任务选择用菜单实现（菜单可用字符串输出模拟或 Tkinter 形式实现）。

②各个任务名称自己定义，须由独立的函数实现，且每个任务执行成功与否须给出必要的文字提示。

③数据输入和结果输出的文件名须由人工输入，且输出结果都要以文件形式保存。

④为保持程序的健壮性，各个任务执行过程中需要进行必要的判断（如文件是否存在、输入是否合法等）、程序异常控制等。

（2）根据以上统计结果，书写不少于 300 字的结果分析。

题目三十五　地下车库情况对评估及售价影响分析

【数据说明】

该数据集是房屋销售记录数据集。

字段说明

（1）Id：房屋出售记录序号。

（2）MSZoning：房屋销售分类。

A 农业

C 商业

FV 村庄住宅

I 工业

RH 高密度住宅

RL 低密度住宅

RP 低密度别墅

RM 中密度住宅

（3）LotArea：房屋占地面积（单位：ft^2）。

（4）LotShape：房屋的形状。

（5）OverallCond：评估房子的整体状况。

（6）YearBuilt：原施工日期。

（7）RoofStyle：屋顶类型。

（8）Foundation：地基类型。

（9）TotalBsmtSF：地下室总面积（单位：ft^2）。

（10）Heating：供暖系统类型。

Floor：地暖（Floor Furnace）

GasA：气暖（Gas forced warm air furnace）

GasW：水暖（Gas hot water or steam heat）

Grav：重力炉（Gravity furnace）

OthW：非天然气加热炉（Hot water or steam heat other than gas）

Wall：壁挂炉（Wall furnace）

（11）Electrical：电力系统。

SBrkr：标准电力系统（Standard Circuit Breakers & Romex）

FuseA：中等电力系统（Fuse Box over 60 AMP and all Romex wiring（Average））

FuseF：一般电力系统（60 AMP Fuse Box and mostly Romex wiring（Fair））

FuseP：较差电力系统（60 AMP Fuse Box and mostly knob & tube wiring（poor））

Mix：混合电力系统（Mixed）

（12）GrLivArea：地面上生活面积（单位：ft^2）。

（13）KitchenQual：厨房质量。

Ex：极好装修（Excellent）

Gd：较好装修（Good）

TA：典型/中等装修（Typical/Average）

Fa：一般（Fair）

Po：未装修（Poor）

（14）TotRmsAbvGrd：地面上所有房间（不包括浴室）。

（15）GarageType：车库位置。

（16）GarageYrBlt：车库建成年份。

（17）GarageArea：车库面积（单位：ft^2）。

（18）GarageCond：车库情况。

Ex：极好（Excellent）

Gd：较好（Good）

TA：典型/中等水平（Typical/Average）

Fa：一般（Fair）

Po：差（Poor）

NA：无车库

（19）YrSold：年售出（YYYY）。

（20）SalePrice：销售价格（单位：美元）。

【任务】

（1）用 pandas 库读取 house.sale.price.csv 文件，查看前 5 行、后 2 行。

（2）选择 Id、GarageCond、LotArea、OverallCond、YrSold、SalePrice 共 6 列数据，

将缺失值全部丢弃处理，并将处理后结果导出到文本文件 house_total_price.txt，要求数据之间用空格分隔，每行末尾包含换行符。

（3）读取文本文件 house_total_price.txt，计算列 SalePrice 与列 LotArea 的商（即 SalePrice/LotArea），并作为一个新的列 unitPrice 添加到原始数据，导出到新的 Excel 文件 house_unit_price.xlsx 中。

（4）读取 Excel 文件 house_unit_price.xlsx，利用列 GarageCond 分组，计算 unitPrice 的均值，并按照 unitPrice 均值降序排列后以柱状图可视化显示该均值。要求以列 GarageCond 为 x 轴，轴刻度分别为 Excellent、Good、Typical、Fair、Poor，包括图例、图标题，填充颜色为蓝色，并保存为 househeating_unit_price.png，要求分辨率不低于 300 dpi。

（5）读取 Excel 文件 house_unit_price.xlsx，利用列 GarageCond 分组，计算 OverallCond 的均值，并按照 OverallCond 均值升序排列后以柱状图可视化显示该均值。要求以列 GarageCond 为 x 轴，轴刻度分别为 Excellent、Good、Typical、Fair、Poor、NA，包括图例、图标题，填充颜色为蓝色，并保存为 househeating_overallcond.png，要求分辨率不低于 300 dpi。

【要求】

（1）根据以上数据处理任务，设计并编程实现"数据分析与可视化系统"，要求：

①各个任务选择用菜单实现（菜单可用字符串输出模拟或 Tkinter 形式实现）。

②各个任务名称自己定义，须由独立的函数实现，且每个任务执行成功与否须给出必要的文字提示。

③数据输入和结果输出的文件名须由人工输入，且输出结果都要以文件形式保存。

④为保持程序的健壮性，各个任务执行过程中需要进行必要的判断（如文件是否存在、输入是否合法等）、程序异常控制等。

（2）根据以上统计结果，书写不少于 300 字的结果分析。

题目三十六　2007 年 7 月居民家庭用电数据分析

【数据说明】

该数据集是 2007 年 7 月每分钟收集的居民家庭用电数据集。

字段说明

（1）Date：数据采集日期。

（2）Time：数据采集时间。

（3）Global_active_power：家庭消耗的总有功功率（单位：kW）。

（4）Global_reactive_power：家庭消耗的总无功功率（单位：kW）。

（5）Voltage：平均电压（单位：V）。

（6）Global_intensity：平均电流强度（单位：A）。

（7）Sub_metering_1：厨房用电功率（单位：W·h）。

（8）Sub_metering_2：洗衣机用电功率（单位：W·h）。

（9）Sub_metering_3：空调用电功率（单位：W·h）。

【任务】

（1）用 pandas 库读取 2007_household_power_consumption.csv 文件，查看前 5 行、后 2 行。

（2）选择 Date、Time、Sub_metering_1、Sub_metering_2、Sub_metering_3 共 5 列数据，将缺失值全部丢弃处理，并将处理后结果导出到文本文件 2007_household_power_ consumption_sub.txt，要求数据之间用空格分隔，每行末尾包含换行符。

（3）读取文本文件 2007_household_power_consumption_sub.txt，按天分组计算列 Sub_metering_1、Sub_metering_2、Sub_metering_3 的和，并将分组计算结果导出到新的 Excel 文件 2007_household_power_consumption_day.xlsx 中。

（4）读取 Excel 文件 2007_household_power_consumption_day.xlsx，以列 Date 为 x 轴，可视化显示列 Sub_metering_1、Sub_metering_2、Sub_metering_3 的值。要求包括图例、图标题，并保存为 2007_household_power_consumption_day.jpg 文件，分辨率不低于 300 dpi。

（5）读取 Excel 文件 2007_household_power_consumption_day.xlsx，计算每天列 Sub_metering_1、Sub_metering_2、Sub_metering_3 的和以及均值，并分别作为新列总耗电量、平均耗电量添加到原始数据，并导出 Excel 文件 2007_household_power_ consumption_ day2.xlsx。

（6）读取 Excel 文件 2007_household_power_consumption_day2.xlsx，以 Date 为 x 轴，折线图可视化显示列总耗电量、平均耗电量的值，要求折线颜色分别为红色、蓝色，包括图例、图标题，并分别保存为 2007_household_power_consumption_daysum.jpg、2007_household_power_consumption_daymean.jpg 文件，分辨率不低于 300dpi。

【要求】

（1）根据以上数据处理任务，设计并编程实现"数据分析与可视化系统"，要求：

①各个任务选择用菜单实现（菜单可用字符串输出模拟或 Tkinter 形式实现）。

②各个任务名称自己定义，须由独立的函数实现，且每个任务执行成功与否须给出必要的文字提示。

③数据输入和结果输出的文件名须由人工输入，且输出结果都要以文件形式保存。

④为保持程序的健壮性，各个任务执行过程中需要进行必要的判断（如文件是否存在、输入是否合法等）、程序异常控制等。

（2）根据以上统计结果，书写不少于 300 字的结果分析。

参 考 文 献

埃里克·马瑟斯，2016. Python 编程：从入门到实践[M]. 袁国忠，译. 北京：人民邮电出版社

朝乐门，2019. Python 编程从数据分析到数据科学[M]. 北京：电子工业出版社

崔庆才，2018. Python 3 网络爬虫开发实战[M]. 北京：人民邮电出版社

董付国，2017a. Python 程序设计开发宝典[M]. 北京：清华大学出版社

董付国，2017b. Python 可以这样学[M]. 北京：清华大学出版社

董付国，2018a. Python 程序设计基础与应用[M]. 北京：机械工业出版社

董付国，2018b. Python 程序设计基础[M]. 2 版. 北京：清华大学出版社

董付国，2019. Python 程序设计实验指导书[M]. 北京：清华大学出版社

嵩天，礼欣，黄天羽，2017. Python 语言程序设计基础[M]. 2 版. 北京：高等教育出版社

张良均，王路，谭立云，等，2016. Python 数据分析与挖掘实战[M]. 北京：机械工业出版社

赵璐，2019. Python 语言程序设计教程[M]. 上海：上海交通大学出版社

CLINTON W B，2017. Python 数据分析基础[M]. 陈光欣，译. 北京：人民邮电出版社

MITCHELL R，2018. Web scraping with Python: Collecting data from the modern web[M]. Sebastopol:
   O'Reilly Media Inc.